BIM安装预算实训教程

BIM建筑水电安装工程
识图与计量

熊晓明　潘颖秋　主编　　代志宏　　副主编

化学工业出版社
·北京·

内容简介

本书以房屋建筑水电安装工程施工图为例，详细介绍了给排水、建筑电气、消防、暖通、建筑智能化五大专业工程的识图、工程量计算规则及清单列项，通过BIM模型3D可视化、管线综合碰撞检查、管线综合智能避让等BIM技术应用，精准计算BIM安装工程实物量及清单工程量。

本书开发有大量配套的视频资源，读者可扫码学习。

本书可作为应用型本科及高职高专土木类相关专业院校工程造价、建设工程管理、建设项目信息化管理等专业教材、学生实习实训教材，也是成人教育相应专业的培训教材，还可作为企业相关工程造价、工程预算、BIM工程师等在职人员学习工具。

图书在版编目（CIP）数据

BIM建筑水电安装工程识图与计量 / 熊晓明，潘颖秋主编. —北京：化学工业出版社，2020.10
ISBN 978-7-122-37435-6

Ⅰ.①B…　Ⅱ.①熊…②潘…　Ⅲ.①给排水系统 - 建筑制图 - 识图 - 应用软件②电气设备 - 建筑安装工程 - 建筑制图 - 识图 - 应用软件③给排水系统 - 建筑安装工程 - 工程造价 - 计量 - 应用软件④电气设备 - 建筑安装工程 - 工程造价 - 计量 - 应用软件　Ⅳ.① TU8-39 ② TU723.32-39

中国版本图书馆 CIP 数据核字（2020）第 137392 号

责任编辑：李仙华　　　　　　　　　　　　　　　装帧设计：张　辉
责任校对：李雨晴

出版发行：化学工业出版社（北京市东城区青年湖南街13号　邮政编码100011）
印　　装：大厂聚鑫印刷有限责任公司
787mm×1092mm　1/16　印张14½　字数367千字　2021年1月北京第1版第1次印刷

购书咨询：010-64518888　　　　　　　　　　售后服务：010-64518899
网　　址：http://www.cip.com.cn
凡购买本书，如有缺损质量问题，本社销售中心负责调换。

定　　价：48.00元

前 言

　　本书以房屋建筑水电安装工程施工图为例，以《通用安装工程工程量计算规范》（GB 50856—2013）为编制依据，结合BIM技术在安装工程造价的应用编写而成。

　　全书共分六章，主要包括给排水、建筑电气、消防、暖通、建筑智能化五大专业工程的基础知识、案例工程的识图及工程量计算规则和清单列项，解决了传统工程造价、建设工程管理、BIM专业的学生不懂安装工程，或安装工程专业基础知识薄弱的问题；五大专业案例工程的建模，通过BIM在五大专业工程模型3D可视化、管线综合碰撞检查、管线综合智能避让、净高分析及预留洞，最后通过展示案例工程的碰撞检查与智能避让成果及BIM安装工程实物量及清单工程量，将BIM技术在安装工程造价的应用呈现在读者面前，力图达到可操作性和实用性的目的。

　　本书由广西财经学院熊晓明和杭州品茗安控信息技术股份有限公司潘颖秋共同主编，广西财经学院代志宏副主编，何清雨、陈栋、刘娇、陈婧嬑、李丽芬、樊艳红、唐丽芝参编。

　　本书获广西财经学院管理科学与工程学院工程造价专业"2018—2020"年度广西本科高校特色专业及实验实训教学基地（中心）建设项目"广西壮族自治区人民政府关于印发广西教育提升三年行动计划（2018—2020年）的通知"（桂政发〔2018〕5号）基金项目的资助。

　　本书开发了大量配套的视频资源，读者可扫描书中的二维码学习。同时还提供了×××派出所1#、2#两套案例图纸，以及配套的授课PPT资料包，读者可以登录www.cipedu.com.cn免费下载。

　　限于编者水平，书中难免存在不足之处，恳请广大读者批评指正，以便及时修订与完善。

编　者
2020年5月

目 录

第3章 通风空调工程 063

资源目录

序号	资源名称	资源类型	页码
2.1	提取消火栓箱	视频	056
2.2	提取消火栓系统	视频	057
2.3	管道套管	视频	058
2.4	提取配件	视频	058
2.5	保温、刷油、支吊架	视频	059
2.6	新建工程	视频	060
2.7	提取喷淋系统	视频	060
2.8	提取配件	视频	061
2.9	管道套管	视频	062
2.10	保温、刷油、支吊架	视频	062
2.11	提取工程量	视频	062
3.1	BIM安装算量建模-暖通	视频	084
4.1	新建工程、图纸处理	视频	144

第1章　BIM技术在安装造价工程的发展前景

时至今日，建筑领域里没有听过BIM这个词的人不多。无论人们如何定义它，归根结底它都是一项技术。从软件角度来说，BIM可以被看作是创建建筑信息模型的必要软件工具；从核心价值来看，BIM可以被看作是一门针对建筑工程领域的智能控制管理技术；从项目管理的角度来看，BIM是建筑从项目立项、规划、概算、设计、预算、建造、结算、审计、物业等全生命周期中的智能动态控制系统，俗称建筑智能机器人系统。通俗的解释，BIM（Building Information Modeling）是在项目全生命周期内，使用富含信息的三维模型作为中心数据库，在项目利益干系人之间共同进行创建、检查和沟通协调项目信息的一个过程（Process）。

1.1　BIM技术在安装造价工程相关单位的应用现状

1.1.1　设计单位的应用情况

通过在国内建筑市场上的调查了解到，目前BIM技术在设计单位应用比较多，应用BIM技术可以建立三维模型，实现从平面图纸到三维模型的转化，对各专业图纸进行碰撞检查，及时发现不合理的地方，并进行修改，避免到施工时再进行变更，既费时又费力，造成工程造价的不可控性。

1.1.2　施工单位的应用情况

目前国内多数施工单位还没有购买BIM软件，也就是说还没有开始应用BIM技术，有些规模比较大的施工单位虽然购买了BIM软件，但是BIM技术在施工过程中应用的作用并不明显，只是可以建立模型，并没有起到模拟施工进度、实时跟踪施工、控制工程造价的作用，在施工管理中的优势还没有发挥出来。

1.1.3　高校的应用情况

近几年来，部分高校也意识到BIM技术的重要性，希望学生及早地掌握BIM技术，在将来的就业市场上能占到优势，找到高薪工作。所以部分有条件的高校的工程造价专业已经开始开设BIM课程，但是由于BIM技术对硬件要求较高，而且BIM软件本身费用也较高，也还不太完善，所以应用并不广泛。

1.2　BIM技术在安装造价工程不同阶段的应用

建筑业传统历史数据的多维度重组和重要信息的抓取，能为投资者提供更为有效的决策参考以及全过程造价管理工作的优化配置。近年来，BIM技术正与日俱增地被应用于更多的工程造价管理中，各具特色的成功案例也愈来愈多。例如，深圳平安中心、北京中国尊、上海七宝万科广场等项目，从设计到施工，在深化设计、虚拟建造、预制加工、工程造价管理等方面深入应用BIM技术，充分体现BIM价值，实现经济效益。上海中心大厦BIM运营管理概念的提出，对BIM运维、智慧城市有着阶段性意义。BIM技术的发展能有效弥补全过程造价管理中出现的问题，提升工程技术水平，同时降低项目管理的成本，并且可为各参与方提供准确可靠的信息与交流协作的平台，建立高效沟通机制，实现信息对等。目前着力研究BIM技术在建筑工程造价管理中的应用，具有极其重要的意义，BIM精细化造价管理是传统建筑业改革的关键。大力发展BIM技术在建筑领域的应用，是时代背景趋势，更是建筑业提档加速的重要举措。下面简要介绍BIM技术在工程造价管理中的应用。

工程造价管理，即准确计算工程量和合理控制造价，它在整个工程项目的全生命周期中扮演着非常重要的角色。在工程造价的精细化管理中运用BIM技术，首先要求施工企业及其相关管理人员，从实际出发，在BIM技术运用实践过程中梳理本企业管理特点与问题现状，在具备对工程造价管理的全面认识后，结合企业自身技术优势，融入BIM技术，充分发挥BIM技术的优势，弥补工程造价管理各环节中存在的问题，构建完备的工程造价管理机制。

1.2.1　BIM技术在决策阶段的应用

前期决策阶段需要根据建设规模、建设指标和建设目标等要求，提出具体化的实施方案。BIM技术通过精确的估算分析进行主动控制，协调建设单位、设计单位、施工单位、监理单位等各方意见，并结合各方技术强项和项目经验，形成全局最优化的工程建设方案。在方案比选阶段，同一工程项目中存在多种投资方案，为提升投资估算的准确率，择优选定经济方案，项目造价人员可运用BIM技术在备选方案间实现经济性对比分析，并结合历史数据和相关指标进行对比。在建设项目决策前，投资估算是决策形成的主要组成部分。BIM技术具有强大的数据库功能，这也使得它可以在历史数据全面收集分析的基础上，结合项目特点，对项目进行投资估算，让造价人员做到心中有数，最终做出正确的决策。比如，对于涉及拆迁的项目，造价人员能结合"BIM+无人机倾斜摄影技术"，对拆迁工程量做出快速估算，为拆迁方案的探讨和决策提供准确参考数据。相对于传统的估算方法，结合BIM技术与无人机倾斜摄影技术，获取的拆迁工程量精确度完全可以满足估算要求，并且大大降低人力成本和时间成本。建设单位借助BIM技术，从建筑功能区设计的合理性、能耗分析、日照分析、火灾疏散模拟、装饰效果等方面，全面分析建筑的使用功能、周边环境与项目的双向影响程度，寻求绿色经济的建设方案；同时优化施工方案和投资方案，避免方案变更等问题对工程造价管理可能产生的不良影响。

1.2.2 BIM 技术在设计阶段的应用

相关研究表明，设计阶段直接决定着建筑工程施工的质量和水平，设计阶段费用占比较低，若在项目决策正确的情况下，设计阶段对工程造价的影响程度将相当高。在工程造价中应用 BIM 技术，能够降低设计概算的不稳定性，增强造价工作的价值。投资方越来越重视限额设计，但是在传统的 2D 造价中，大多数设计都需依靠有关工作人员的经验完成，易与实际脱轨或不易施工，且不容易发现问题，使得造价的准确性降低，甚至产生重大误差，威胁实际建筑效果。有关人员可应用 BIM 技术，依据"造价数据库"对当前项目的各项数据进行分析、比较和管理，根据实际建造的需求等进行调整，更加精确地提出概预算的数值，进而提升造价的准确性，满足限额的要求。同时，对信息进行整合，使各个部门与单位参与其中，经讨论分析完善，提升项目的可施工性，提高工程设计质量，减少后期因设计变更而引起的成本浪费。

1.2.3 BIM 技术在招投标阶段的应用

招投标阶段工程造价的工作尤为烦琐，特别是在建筑工程大环境下，招标方和投标方都必须对工程量进行屡次计算与复核，因此需要大量工作人员对数据进行分析并制表，但也恰好由于操作计算的造价人员数量较多，工程量的计算结果势必各有不同。随着 BIM 技术的广泛有效应用，在进行招投标工程量复核的时候，工程造价人员能够使用 BIM 技术对建筑工程进行实物工程量计算对比分析。在装配式建筑中，能够实现对每个构件的精准定位、出图、出量，以此降低计算失误率，从而减少纠纷的出现。相比于手工计量和传统计量软件，BIM 技术能够准确高效地计算异形建筑工程量，直接导出实物工程量清单，并且能够实现单个构件的定位和工程量校核，快速找到问题的根源，为工程造价的精细化管理奠定基础，让工程造价人员把更多的精力放在"组价"的工作上。

1.2.4 BIM 技术在施工阶段的应用

正式开始施工前，可利用 BIM 技术对各专业机电管线深化出图，满足房间的净高要求和使用功能，消除影响工程造价管理存在的潜在问题，避免工期延误、材料计划错误等，从而达到降低成本的效果。搭建 BIM 模型时，添加时间维度参数，以动态的形式，对施工全过程进行模拟，找出影响施工正常进行的问题，制定合理可行的解决方案，加以处理。

由于建立了多方、多专业的有效沟通机制，BIM 技术能最大限度地减少设计变更，结合各参建方自身技术强项，促使各参建方共同参与并进行多层次多专业的三维碰撞检查以及图纸会审。利用可视化特点提出的直观碰撞问题报告，将施工技术方案难点在前期进行推演，施工深化前置，大幅度提升施工方案的合理性。基于 BIM 技术的施工现场管理，可以结合轻量化管理平台，实现施工现场各方信息对等，提高工作效率。轻量化平台能将模型与图纸信息、变更信息、质量信息、进度信息、安全信息、成本信息等详细的工程信息资料集成，形成多维信息模型，为工程项目各参与方提供准确可靠的信息交流协作平台，合理安排施工现场的采购计划、人员计划、进度计划等，为工程造价的精细化管理提供支持。

1.2.5 BIM 技术在竣工阶段的运用

BIM 技术可以进一步提高工程造价信息的公开性，减少纠纷的发生。另外，BIM 技术能存储大量数据，将建筑工程相关信息资料集成到模型上，并对完整数据进行整体对比与分析，为工程造价管理奠定信息数据基础。同时对于结算工程量的争议，特别是异形体工程量，工程造价人员可以结合"BIM+三维扫描"技术进行高效准确的争议处理。对于施工现场的管理，可以将现场扫描的建筑工程点云数据与 BIM 模型数据比对，实现对现场施工质量和进度的有效管控，提升施工现场的精细化管理水平。

1.3 BIM技术在安装造价工程的发展前景

BIM被国内外众多设计师认为是继CAD技术后建筑行业的第二次革命性技术。它通过软件建模，把真实的建筑信息进行参数化、数字化后形成一个模型，以此模型为平台，从设计师、工程师一直到施工单位和建成后业主的运维等各个项目参与方，再直到项目生命周期结束被拆毁的整个项目周期里，都能统一调用、共享并逐步完善该数字模型。BIM技术的产业化应用，具有显著的经济效益、社会效益和环境效益。2015年颁布的美国BIM标准第三版展望了BIM技术在国际营建产业应用的未来，在新建工程中要求建立BIM模型的项目数量快速增加的背景下，该标准的专案委员会有信心会有愈来愈多的业界人士加人，BIM产业正处于一个承上启下的态势，需要考虑更周详、更严谨、更成熟可行的标准制定，从而加快BIM技术实施的脚步。

BIM的思路是基于建筑的全生命周期进行管理，是让业主、施工单位、设计院、供应商和运维等各方参与到这个闭环中，信息集中度越高，模型价值也越高，各个阶段的信息会被反复利用和纠正。对于造价控制而言，工程前期有投资估算和可行性研究，设计阶段有初设概算，施工阶段有施工图预算，竣工阶段有竣工结算和财务决算，造价控制就是对整个建筑生命周期的各个结算进行层层把控。两者的思路不谋而合，因此，对于工程造价咨询行业，BIM技术将是一次颠覆性的革命，它将彻底改变工程造价行业的行为模式，给行业带来一轮洗牌。美国斯坦福大学整合设施工程中心（CIFE）根据32个项目总结了使用BIM技术的效果，具体如下：

① 消除40%预算外变更；

② 造价估算耗费时间缩短80%；

③ 通过发现和解决冲突，合同价格降低10%；

④ 项目工期缩短7%，及早实现投资回报。

对于造价咨询公司和工程师个人来说，前三项效果，无论达到哪一项都是一个在行业内立足的资本，更何况同时达到三项。当少数咨询公司或者个人掌握BIM技术时，他们将成为行业内的佼佼者；当大多咨询公司或个人掌握了BIM技术时，那些没有掌握BIM技术的公司或个人，将会被迅速淘汰出局。

（1）只要是项目的参与人员，无论是设计人员，还是施工人员，还是咨询公司或者是业主，所有拿到这个BIM模型的人，得到的工程量都是一样的。这意味着，工程造价咨询中的一个难题：工程算量，将成为历史，工程蓝图上表示的工程量是一个确定的数据，虽然每个造价工程师由于对图纸的理解和职业水平不一而得到不同的数值，但是从理论上来说，它是唯一确定的。造价工程师在商务谈判时，最为重要也最为枯燥的工作内容，就是核对工程量。钢筋、混凝土、电缆、风管、水管、阀门，这些工程里大量采用的材料，无一不是谈判的焦点。造价工程师们在每种材料上进行着攻坚战，工程结算耗时长，绝大多数时间就是用于此。在应用BIM技术之后，施工单位提交的竣工资料将包含他们修改、深化过的BIM模型，这个模型经过设计院审核之后，作为竣工图的一个最主要组成部分转交给咨询公司进行竣工结算。而基于这一个模型，施工单位和咨询公司导出的工程量必然是一致的。这就意味着工程量核对这一个关键环节将不复存在。承包商在提交竣工模型的同时就相当于提交了工程量，设计院在审核模型的同时就已经审核了工程量。

（2）从BIM模型里读取工程量简便快捷，造价工程师免去了算量的烦琐工作。但是这一部分工作并不是凭空消失了，而是设计师在建立模型的时候，通过定义模型各类构件的属性，把它们提前完成了。既然设计师代替造价工程师完成了计算工程量的工作，那么这一部分工作的报酬也将相应转移给设计师。在每一个项目里，造价工程师得到的报酬将会在很大程度上减少。为了维持既有收入，他们必须接受更多的委托，这对他们或者他们所属公司的商务经理提出了更高的要求。

（3）造价工程师终于可以从烦琐的算量工作中解脱出来，他们将面对更为美好的职业前景。原先造价工程师更多地扮演了造价员的角色，计算、核对工程量占据了他们大部分的工作精力。而限额设计的造价控制、全过程造价管理这些技术含量更高的业务，他们心有余而力不足。在甩去算量这一工作内容后，他们将对项目有着更深、更直观的接触，最终形成个人职业生涯的良性循环。

目前，国内已经有一些发展得相当成熟的三维算量软件，但是BIM不等同于三维模型。如品茗BIM安装算量、鲁班算量和广联达算量等软件。品茗BIM安装算量、鲁班算量软件都是基于CAD平台开发，相当于CAD软件的插件，能够在CAD基础之上进行算量工作，并且支持所有的CAD命令，算量人员能够迅速上手；广联达算量软件基于自有平台开发，算量人员熟悉软件需要一个过程，但是它能够直接导出工程量到广联达计价软件。这几款算量软件都是三维算量，但是这并不意味着我国造价行业已经步入BIM时代。首先，BIM模型是全生命周期通用的，所有的项目参与方都会依赖这个模型并且能与这个模型进行互动。而算量软件的三维模型，只是造价工程师自己建立的，与其他专业没有互动。其次，BIM模型是唯一的，是设计文件的一个重要组成部分，而算量软件里的模型是造价工程师基于图纸自己建立的非正式文件，在进行工程量核对时，得不到谈判对手的承认。再次，在同一个项目中，BIM软件是唯一的。基本上，Autodesk公司的Revit软件现在已经成为行业标准。而算量软件有品茗算量、鲁班算量、广联达、斯维尔等好几款，在同一个项目中的不同参与方，可能采用的是不同的软件，造成前后环节的不通用、不兼容。

因此，BIM技术在工程造价中的应用需要分两步走：第一步是先熟练掌握如品茗BIM安装算量、鲁班算量和广联达算量等软件，让造价工程师们能利用初步的BIM技术突破传统手工算量和二维算量的壁垒，并让项目建设各方从中体会到BIM技术的初步优势；第二步是打造统一的BIM算量平台和标准，让各个软件之间能够交换数据、信息互联，最终实现BIM技术的最大优势。

总而言之，BIM技术对造价专业具有极大的推动作用，能够将大量的、反复的、机械的算量工作交给软件去做。快速掌握相关BIM算量软件，是每一位造价工程师未来应该掌握的重要技能，也是大势所趋。

第2章 给排水工程

 学习任务

● 熟悉建筑给水系统的分类与组成及排水系统的分类与组成。

● 掌握给排水工程的识图。

● 熟悉给排水工程（含消防工程）的工程量计算规则；掌握给排水工程（含消防工程）的清单列项。

● 掌握BIM安装算量——给排水系统建模。

2.1 给排水工程的基础知识

2.1.1 建筑给水系统的分类与组成

2.1.1.1 建筑给水系统按用途分类

（1）生活给水系统：供给人们生活用水的系统，水量、水压应满足要求，水质必须符合国家有关生活饮用水卫生标准。

（2）生产给水系统：供给各类产品制造过程中所需用水及冷却、产品和原料洗涤等用水，其水质、水压、水量因产品种类、生产工艺不同而不同。

（3）消防给水系统：一般是专用的给水系统，其对水质要求不高，但必须满足《建筑设计防火规范》（2018年版）（GB 50016—2014）对水量和水压的要求。

2.1.1.2 建筑室内给水系统的组成（图2-1）

（1）引入管：指室外给水管网与建筑物内部给水管道之间的联络管段，也称进户管。

（2）管道系统：指建筑内部给水水平干管或垂直干管、立管、支管等组成的系统。

（3）水表节点：指引入管上装设的水表及其前后设置的阀门、泄水装置的总称。阀门用于关闭管网，以便维修和拆换水表；泄水装置的作用主要是在检修时放空管网，检测水表精度。

（4）给水附件：指管道上的各种管件、阀门、配水龙头、仪表等。给水附件分管件、配水附件及控制附件，如管路安装控制阀门、逆止阀、报警阀、水流指示器等。

（5）用水设备：指给水系统管网的终端用水点上的装置。包括卫生器具、生产用水设备和消防设备（如消火栓、水泵接合器、自动喷水灭火设施等）。

（6）增压和储水设备：当室外给水管网的水压不足或建筑物内部对供水安全性和稳定性要求比较高时，需在给水系统中设置水泵、水箱、气压给水设备和储水设备等。

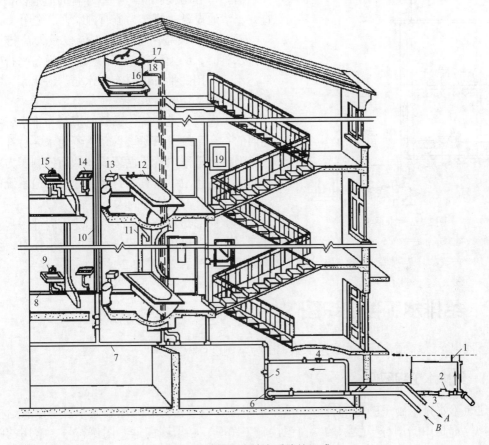

图2-1　建筑室内给水系统的组成

1—阀门井；2—闸阀；3—引入管；4—水表；5—逆止阀；6—水泵；7—干管；8—支管；9—水龙头；
10—立管；11—淋浴器；12—浴盆；13—大便器；14—洗脸盆；15—洗涤盆；16—水箱；
17—进水管；18—出水管；19—消火栓；A—入储水池；B—来自储水池

2.1.2　建筑排水系统的分类与组成

2.1.2.1　建筑排水系统的分类

建筑排水系统按其排放的性质可分为生活污水、生产废水、雨水三类排水系统，也可以根据污水的性质和城市排水制度的状况，将性质相近的生活污水与生产废水合流。当性质相差较大时，不能采用合流制。

2.1.2.2 建筑排水系统的组成

排水系统由卫生器具、排水管道、清通设备、抽升设备、通气管道系统以及局部污水处理系统组成。

（1）卫生器具：包括洗脸盆、洗手盆、洗涤盆、洗衣盆（机）、洗菜盆、浴盆、拖布池、大便器、小便池、地漏等。

（2）排水管道：由连接卫生器具的排水管、横支管、立管、排出管以及总干管组成。包括器具排放管、横支管、立管、埋设地下总干管、室外排出管、通气管及其连接部件等。

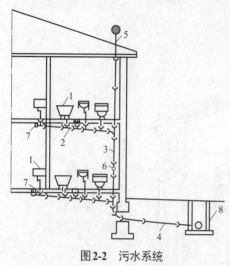

图2-2　污水系统

1—洗脸盆；2—支管；3—立管；4—排出管；5—排气阀；6—检查口；7—地漏；8—检查井

（3）清通设备：排水管道上的清通设备有检查井、清扫口和地面扫除口。室外管的清通设备是检查井。清通设备主要作为疏通排水管道之用。

（4）抽升设备：当排水不能以重力流排至室外排水管时，必须设置局部污水抽升设备来排除内部污水。常用的抽升设备有污水泵、潜水泵、喷射泵、手摇泵及气压输水器等。

（5）通气管道系统：通气管道是与排水管系相连通的一个系统，只是该管系内不通水，有补给空气加强排水管系内气流循环流动从而控制压力变化的功能，防止卫生器具水封破坏，使管道系统中散发的臭气和有害气体排到大气中去。

（6）局部污水处理系统：当建筑内部污水未经处理不允许直接排入市政排水管网或水体时，须设局部污水处理系统（图2-2）。

2.2　给排水工程的识图

下面以×××派出所2#给排水施工图为案例进行识图。

2.2.1　给排水工程图例

建筑给水排水施工图中的管道、给排水附件、卫生器具、升压和储水设备以及给排水构造物等都是用图例符号表示的，在识读施工图时，必须明白这些图例符号。常用的图例见表2-1、表2-2。

表2-1　给排水图例

序号	名称	图例		序号	名称	图例	
		平面	立面			平面	立面
1	生活给水管	——J——	JL-1	3	压力污水管	——W——	YWL-1
2	污水管	——W——	WL-1	4	雨水管	——Y——	YL-1

序号	名称	图例		序号	名称	图例	
		平面	立面			平面	立面
5	废水管	⬛ F ⬛	FL-1	22	电磁阀		
6	压力废水管	⬛ YF ⬛	YFL-1	23	止回阀		
7	凝结水管	— N —	NL-1	24	消声止回阀		
8	通气管	— T —	TL-1	25	泄气阀		
9	热水管道	— RJ —	RJL-1	26	弹簧安全阀		
10	热回水管道	— RH —	RHL-1	27	自动排气阀	⊙	⊙
11	闸阀			28	水力液位控制阀		
12	信号闸阀			29	吸水喇叭口		
13	电动闸阀			30	倒流防止器		
14	蝶阀			31	卧式水泵		
15	信号蝶阀			32	立式水泵		
16	电动蝶阀			33	水表		
17	减压阀			34	压力表		
18	截止阀			35	波级管补偿器		
19	球阀			36	套管补偿器		
20	温度调节阀			37	减压孔板		
21	压力调节阀			38	活接头		

序号	名称	图例 平面	图例 立面	序号	名称	图例 平面	图例 立面
39	可曲挠橡胶接头			55	圆形地漏		
40	刚性防水套管			56	洗衣机地漏		
41	柔性防水套管			57	排水栓		
42	弯折管			58	清扫口		
43	水龙头			59	检查口		
44	液压式脚踏阀延时自闭式阀			60	通气帽		
45	自闭式冲洗阀			61	雨水斗		
46	感应式小便器冲洗阀			62	侧壁雨水斗		
47	淋浴器			63	单算雨水口		
48	小便器			64	双算雨水口		
49	污水池			65	水封井		
50	洗脸盆			66	阀门井		
51	厨房洗涤盆			67	圆形检查井		
52	浴盆			68	化粪池		
53	蹲式大便器			69	隔油池		
54	坐式大便器						

表 2-2　消防给水系统图例

序号	名称	图例		序号	名称	图例	
		平面	立面			平面	立面
1	消火栓系统给水管	—X—	XL-1	17	雨淋阀		
2	自动喷水系统给水管	—ZP—	ZPL-1	18	消防水炮		
3	雨淋灭火系统给水管	—YL—	YLL-1	19	闸阀		
4	水幕灭火系统给水管	—SM—	SML-1	20	信号闸阀		
5	消防水炮系统给水管	—SP—	SPL-1	21	电动闸阀		
6	室外消火栓			22	蝶阀		
7	室内消火栓单栓			23	信号蝶阀		
8	室内消火栓双栓	正面		24	电动蝶阀		
9	消防水泵接合器			25	减压阀		
10	下垂型闭式喷头			26	截止阀		
11	直立型闭式喷头			27	球阀		
12	上喷闭式喷头			28	温度调节阀		
13	边墙型闭式喷头			29	压力调节阀		
14	下垂型水幕喷头			30	电磁阀		
15	湿式报警阀			31	止回阀		
16	预作用报警阀			32	消声止回阀		

序号	名称	图例		序号	名称	图例	
		平面	立面			平面	立面
33	泄压阀			45	推车式灭火器		磷酸铵盐
34	弹簧安全阀			46	水表		
35	自动排气阀			47	压力表		
36	水力液位控制阀			48	波纹管补偿器		
37	吸水喇叭口			49	套管补偿器		
38	倒流防止器			50	减压孔板		
39	卧式水泵			51	活接头		
40	立式水泵			52	可曲挠橡胶接头		
41	水流指示器			53	刚性防水套管		
42	水力警铃			54	柔性防水套管		
43	末端试水装置			55	弯折管		
44	手提式灭火器		磷酸铵盐	56	阀门井		

2.2.2 生活给水系统识图

给水管道的识图宜从水流入的方向开始，即引入管→干管→立管→支管。

2.2.2.1 生活给水引入管识图

从一层给排水平面图（图2-3、图2-4）和生活给水系统图（图2-5）了解到，本项目一、二层生活给水的引入管在一层的②-C轴至②-D轴之间，引入管的管径为$DN125$，引入管为埋地敷设，埋深为$-0.5m$；三、四层生活给水由地下室生活水泵引入，引入管的管径为$DN125$。

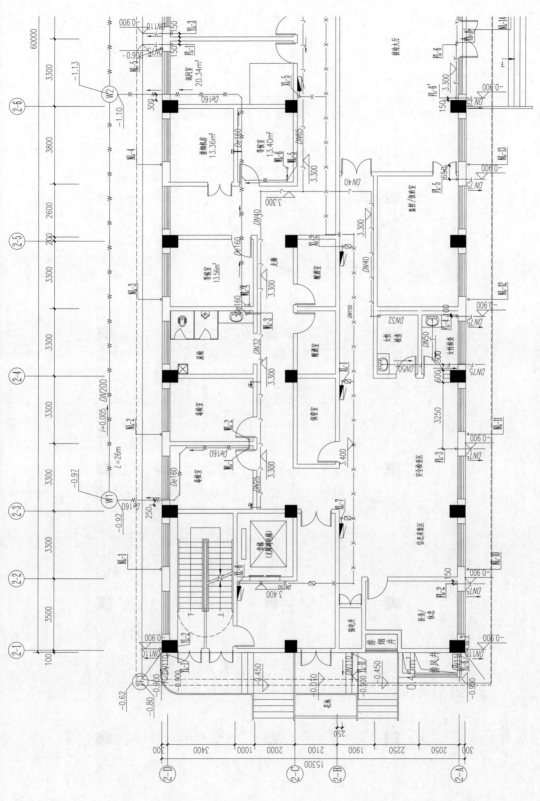

图2-3 一层给排水平面图（一）

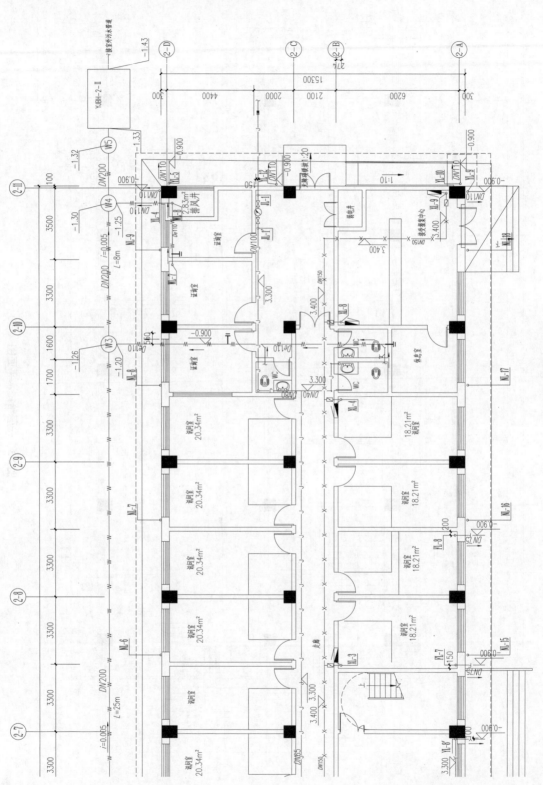

图 2-4 一层给排水平面图（二）

2.2.2.2　立管识图

从图2-5生活给水系统图了解到，本项目的给水立管有2根主立管，分别为一、二层主立管JL-1和三、四层主立管JL-2，其中，JL-1的起点标高为-0.500m，终点标高为二层的楼地面标高4.200m+1m；JL-2的起点标高为-4.7m（地下室生活水泵标高），终点标高为15.100m。各层立管有：一层JL-1'、JL-1a、JL-1b、JL-1c、JL-1d、JL-1f、JL-1g，其中，JL-1'的起点标高为一层的楼地面标高0.000m+1m，终点标高为3.300m，其余各立管的起点标高均为一层的楼地面标高0.000m+0.45m，终点标高为3.300m；二层JL-2'、JL-2a、JL-2b、JL-2c、JL-2d，其中，JL-2'的起点标高为二层的楼地面标高4.200m+1m，终点标高为7.300m，其余各立管的起点标高均为二层的楼地面标高4.200m+0.45m，终点标高为7.300m；三层JL-3'、JL-3a、JL-3b、JL-3c，其中，JL-3'的起点标高为三层的楼地面标高8.100m+1m，终点标高为11.200m，其余各立管的起点标高均为三层的楼地面标高8.100m+0.45m，终点标高为11.200m；四层JL-4'、JL-4a、JL-4b、JL-4c、JL-4d、JL-4e、JL-4f、JL-4g、JL-4h、JL-4i、JL-4j、JL-4k、JL-4l、JL-4m，其中，JL-4'的起点标高为四层的楼地面标高12.000m+1m，终点标高为15.100m，其余各立管的起点标高均为四层的楼地面标高12.000m+0.45m，终点标高为15.100m。

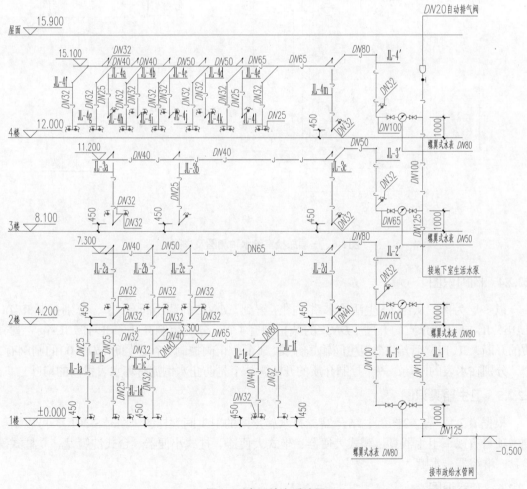

图2-5　生活给水系统图

2.2.2.3 卫生间支管识图

从 2 # 给排水施工图的卫生间大样图（图号 S-201）了解到，本项目共有一层尿检室、②-⑩轴一层公共卫生间、②-©轴一层公共卫生间、一层女性检查室、二至四层公共卫生间、备勤室卫生间（一）、备勤室卫生间（二）、备勤室卫生间（三），共 8 个卫生间大样。

以一层尿检室为例，从图 2-6 了解到，JL-1c 立管供水到一层尿检室后，先去接截止阀，后给尿检室的洗脸盆供水，该支路的管径是 DN32，管中心标高是 0.45m，后上升至1m 去给小便器供水，该支路的管径是 DN25，后该支路的管道变径为 DN15 去给蹲便器供水，该支路管中心标高是 1m，敷设至②-④轴和②-⑩轴 650mm 处下降至 0.45m 去接污水池的水龙头。

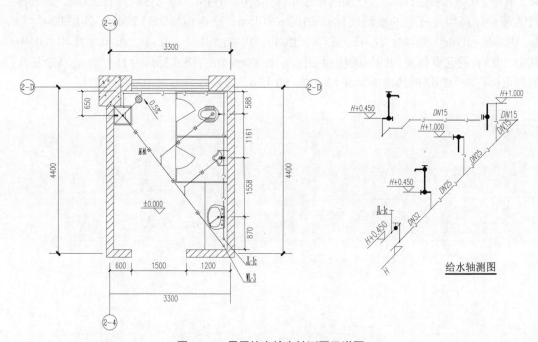

图2-6 一层尿检室给水轴测图及详图

2.2.2.4 阀门识图

以一层为例，从图 2-5 生活给水系统图了解到，DN25 的截止阀有 3 个，分别控制 JL-1a、JL-1b、JL-1d 立管介质的开断；DN32 的截止阀有 4 个，分别控制 JL-1c、JL-1f、JL-1g 立管介质的开断，JL-1g 立管给 2 个卫生间输送介质，1 个截止阀控制 1 个卫生间；DN100 的闸阀有 2个，分别在水表的两端，一个控制介质的开断，一个是防止水倒流打坏水表里面的扇叶。

2.2.2.5 卫生器具识图

根据表 2-1、表 2-2 图例，结合 2# 给排水施工图的卫生间大样图（图号 S-201），可以了解到本项目有以下卫生器具：蹲式大便器、坐式大便器、挂式小便器、台式洗脸盆、立柱式洗脸盆、淋浴器、水嘴。

2.2.2.6 套管识图

从×××派出所的给排水设计总说明与图例（图号 S-通-001）了解到，给排水立管穿楼板时，应设套管，安装在楼板内的套管，其顶部应高出装饰地面20mm；安装在卫生间及厨房内的套管，其顶部高出装饰地面50mm，底部应与楼板底面相平。给水管道穿楼面、屋面详见国家建筑标准设计图集《建筑给水塑料管道安装》11S405-4第12～14页。

以一层给排水管道为例，从生活给水系统图（图2-5）了解到，JL-1立管穿越二层楼地面板处应设置套管，套管管径一般选择大于立管管径一至两号的套管，JL-1立管管径为DN100，套管管径可选DN110。

2.2.3 室内排水系统识图

排水管道的识图宜从水流出的方向开始，即器具排水管→排水横支管→立管→排出管。

2.2.3.1 支管识图

以一层尿检室为例，从图2-7了解到，尿检室的排水横支管标高为−0.900m，即一层尿检室楼地面往下0.9m处敷设。洗脸盆、小便器、污水池等的器具排水管为DN50，地漏的器具排水管为DN75，蹲式大便器的器具排水管为DN100，污水池的器具排水管末端至蹲式大便器的器具排水管末端的排水横支管为DN75，其余为DN100。

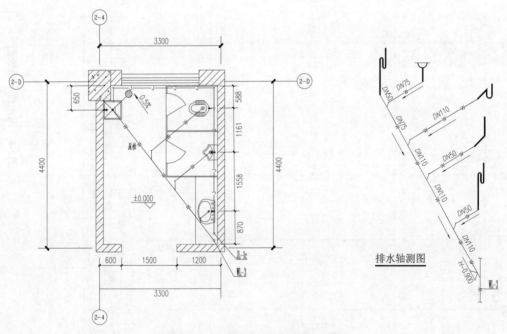

图2-7 一层尿检室排水轴测图及详图

2.2.3.2 立管识图

从一层给排水平面图（图2-3、图2-4）和污水排水系统图（图2-8）了解到，本项目的排水系统有8根立管，分别为WL-1、WL-2、WL-3、WL-4、WL-5、WL-6、WL-7、WL-8，其中，WL-1、WL-2敷设在②-③轴和②-④轴间的毒检室，WL-3敷设在②-④轴和②-⑤轴之间的尿检室，WL-4敷设在②-④轴和②-⑤轴之间的等候室，WL-5、WL-6敷设在②-⑤轴和②-⑥轴之间的等候室，WL-7敷设在②-⑩轴和②-⑪轴之间的证询室，WL-8敷设在②-⑩轴和②-⑪轴之间的排风井。排水立管的起点标高为−0.900m，终点标高为16.500m，在标高16.500m处伸出外墙去接透气帽。

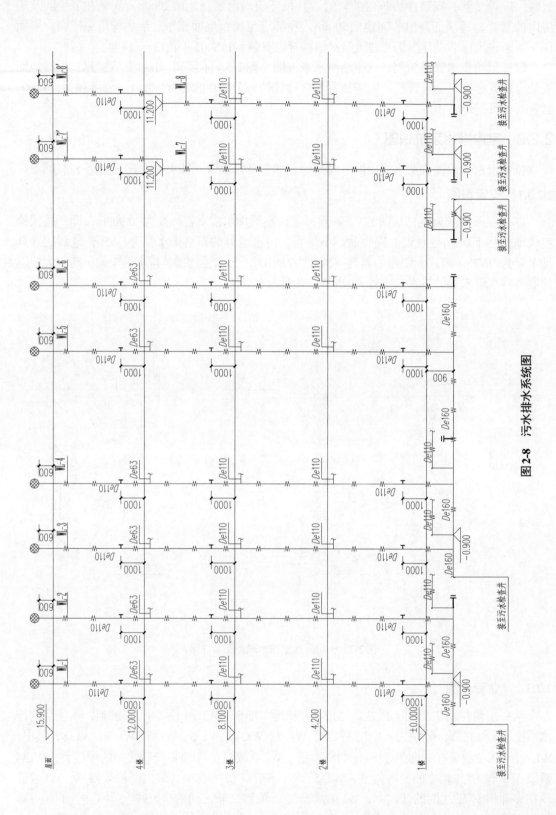

图2-8 污水排水系统图

2.2.3.3　排出管识图

以一层给排水平面图（图2-3、图2-4）为例了解到，WL-1、WL-2的排出管敷设在②-③轴和②-④轴间，埋深为-0.9m，WL-3、WL-4的排出管敷设在②-④轴和②-⑦轴间，埋深为-0.9m，WL-5、WL-6的排出管敷设在②-⑤轴和②-⑥轴间，埋深为-0.9m，WL-7、WL-8的排出管敷设在②-⑩轴和②-⑪轴间，埋深为-0.9m。②-⑨轴和②-⑩轴间一层公共卫生间的排出管敷设在②-⑨轴和②-⑩轴间，埋深为-0.9m。

2.2.3.4　管道配件

从污水排水系统图（图2-8）了解到，WL-1、WL-2、WL-3、WL-4、WL-5、WL-6立管分别在一层、三层、四层标高为$H+1.000$m位置设置检查口，WL-7、WL-8立管分别在一层、三层标高为$H+1.000$m位置设置检查口，WL-7′、WL-8′立管分别在四层标高为$H+1.000$m位置设置检查口。

2.2.3.5　卫生器具识图

以一层尿检室为例，从图2-7了解到，一层尿检室安装1个$DN75$地漏，2组$DN50$排水栓。从污水排水系统图（图2-8）及一层给排水平面图（图2-3、图2-4）了解到，②-⑤轴至②-⑥轴之间的排出管安装1个$De160$清扫口，②-⑨轴至②-⑩轴之间连接W3检查井的排出管安装2个$De110$清扫口，连接WL-7立管的排出管安装1个$De160$清扫口。

2.2.3.6　套管识图

从×××派出所的给排水设计总说明与图例（图号S-通-001）了解到，给排水立管穿楼板时，应设套管，安装在楼板内的套管，其顶部应高出装饰地面20mm；安装在卫生间及厨房内的套管，其顶部高出装饰地面50mm，底部应与楼板底面相平。排水管道穿楼面、屋面详见国家建筑标准设计图集《建筑排水塑料管道安装》10S406第34、38页。

以一层给排水管道为例，从污水排水系统图（图2-8）了解到，本项目的排水系统有8根立管，分别为WL-1、WL-2、WL-3、WL-4、WL-5、WL-6、WL-7、WL-8，立管管径均为$De110$，套管管径可选$De160$。

2.2.4　室内消火栓系统识图

室内消火栓系统图应从流水方向进行识读，即供水水源→底层干管→立管→各层支管→顶层干管。

从×××派出所的消防设计总说明与图例（图号S-通-002）了解到，本项目由北侧、南侧市政给水管网各引入一根$DN200$给水管至小区环状管网，再由室外环状管网接两根管至地下室消防水池。市政给水管网、室内地下消防水池和屋顶高位消防水箱一起作为本项目消防用水水源。本项目地下部分略。

2.2.4.1　干管识图

一般情况下，低层和顶层分别有一根干管将消火栓系统各立管相互连通。从一层给排水平面图（图2-3、图2-4）和消火栓给水系统图（图2-9）可以了解到，一层干管安装高度为3.400m，管径$DN150$，连通XL-1至XL-9；屋顶干管安装高度为15.900m+0.5m，管径$DN150$，连通XL-1′、XL-2′、XL-3、XL-4。

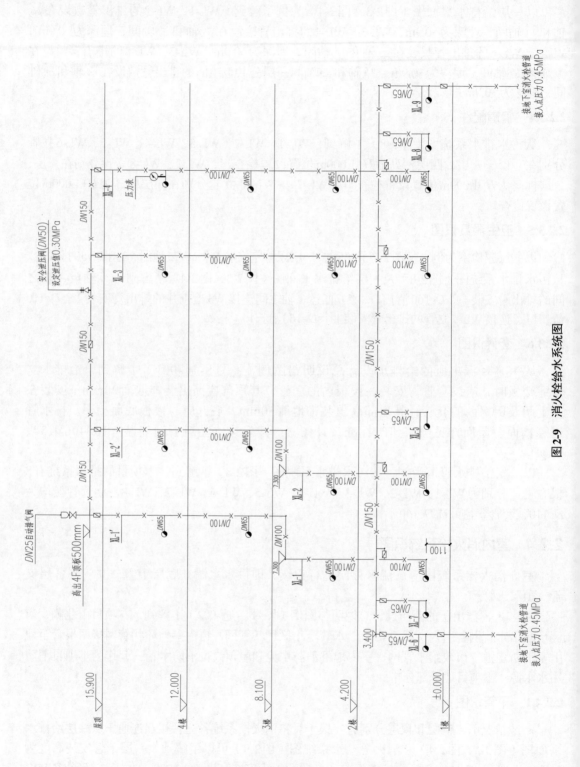

图2-9 消火栓给水系统图

2.2.4.2　立管识图

从图2-9消火栓给水系统图可以了解到，本项目的消火栓系统立管有11根。其中，XL-6、XL-9接地下室消火栓管道，终点标高为3.400 m；XL-5、XL-7、XL-8的起点标高为1.100m，终点标高为3.400 m；XL-1、XL-2的起点标高为1.100m，终点标高为7.300 m；XL-3、XL-4的起点标高为1.100m，终点标高为15.900m+0.5m；XL-1′、XL-2′的起点标高为7.300m，终点标高为15.900m+0.5m。

2.2.4.3　支管识图

消火栓系统中的支管一般指的是连接消火栓箱的支管，从（图2-9）消火栓给水系统图可以了解到，本项目一层的9套消火栓支管中，XL-1、XL-2、XL-3、XL-4、XL-5、XL-7、XL-8立管需要从一层标高3.400m处向下引入该层消火栓。

2.2.4.4　消火栓、水泵接合器识图

消火栓分为室内消火栓和室外消火栓两种。室内消火栓一般可分为单口、双口两种；室外消火栓分为地上式、地下式两种。水泵接合器分为地上式、地下式、墙壁式三种。消火栓、水泵接合器图例见表2-2。

以一层为例，从一层给排水平面图（图2-3、图2-4）、消火栓给水系统图（图2-9）以及给排水、消防主要设备材料表（图号S-401）了解到，一层共安装9套室内消火栓单栓，型号SN65（SNW65），铝合金单出口消火栓箱（甲型），800mm×650mm×240mm，配 $DN65$ 消火栓一个，水龙带25m一条，19mm口径水枪一支，报警按钮一个。

从×××派出所的消防设计总说明与图例（图号S-通-002）了解到，本项目消火栓系统设置了2套水泵接合器，水泵接合器的设置位置在室外便于消防车使用的地点，与室外消火栓的距离不小于15m，也不大于40m。本项目消防水泵接合器采用SQS100-A型地上式消防水泵接合器，规格为 $DN100$ 。本项目地下部分及室外部分略。

2.2.4.5　阀门识图

消火栓系统使用最多的一般是蝶阀、自动排气阀。通过消火栓给水系统图（图2-9）可以了解到，本项目蝶阀有 $DN65$ 、 $DN100$ 两种，自动排气阀设置在屋顶，只有 $DN25$ 一种。阀门图例见表2-2。

以一层为例，从消火栓给水系统图（图2-9）了解到，一层安装 $DN65$ 蝶阀为7个， $DN100$ 蝶阀4个。屋顶安装 $DN25$ 自动排气阀1个。

2.2.4.6　套管识图

从×××派出所的消防设计总说明与图例（图号S-通-002）了解到，消防管道穿越楼面时要求现浇刚性防水套管，穿越屋面时要求现浇刚性防水套管或预埋刚性防水套管。压力管处预留套管为管径 d+50mm，重力流管道处预留套管为管径 d+150mm。XL-1、XL-2、XL-1′、XL-2′、XL-3、XL-4穿越各层楼面时，要求现浇 $DN150$ 刚性防水套管，XL-1′、XL-2′、XL-3、XL-4穿越屋面时，要求现浇或预埋 $DN150$ 刚性防水套管。

2.2.4.7　管道支架识图

在《自动喷水灭火系统施工及验收规范》（GB 50261—2017）中有规定，消防管道安装参考《室内管道支架及吊架》（03S402）标准图进行施工。消防支架根据不同安装位置有两种样式，分别是U形支架和L形支架，U形支架也称为防晃支架。从×××派出所的消防设计总说明与图例（图号S-通-002）了解到，立管每层装一个管卡，安装高度为距地面1.5m；

架空管道支架或吊架的设置间距如表2-3所示。

表 2-3　架空管道支架或吊架的设置间距

管径/mm	25	32	40	50	70	80
间距/m	3.5（1.8）	4.0（2.0）	4.5（2.1）	5.0（2.4）	6.0（2.7）	6.0（3.0）
管径/mm	100	125	150	200	250	300
间距/m	6.5	7.0	8.0	9.5	11.0	12.0

注：表中间距为镀锌钢管道、涂覆钢管道的支吊架设置最大间距，括号内为PVC-C管支吊架设置最大间距。不锈钢管道及铜管应按规范要求确定。

2.2.4.8　管道防腐、刷油识图

从×××派出所的消防设计总说明与图例（图号S-通-002）了解到，消火栓管、自动喷淋管刷银粉两道或红色调和漆两道；管道支架除锈后防腐，采用环氧煤沥青涂料，普通级（三油），厚度不小于0.3mm；埋地热镀锌钢管采用沥青涂料，普通级（三油二布）进行外防腐，厚度不小于4mm。

2.2.4.9　灭火器识图

从×××派出所的消防设计总说明与图例（图号S-通-002）了解到：

① 本建筑灭火器采用同一种灭火器，采用适合于扑灭A类、B类和C类火灾的磷酸铵盐干粉灭火器，型号为MF/ABC4。

② 地下室车库按B类火灾中危险级（保护半径12m^2，保护面积1m^2/B）配置手提式灭火器，其余按A类火灾中危险级（保护半径20m，保护面积75m^2/A）配置手提式灭火器。

③ 灭火器存放在翻盖式置地型灭火器箱内，详《气体消防系统选用、安装与建筑灭火器配置》07S207第100页。灭火器存放在带灭火器箱组合式消防柜内，详《室内消火栓安装》15S202第20页（甲型）。在中危险级区域的每个消火栓箱下部放置2具手提式MF/ABC4灭火器；在严重危险级区域的每个消火栓箱下部放置3具手提式MF/ABC5灭火器。对消火栓箱下设置灭火器保护不到的区域，应另外增设灭火器布置点，详见各层平面图。

④ 灭火器应设置在明显且便于取用的地点，不得影响疏散。对没有设在消火栓箱内的手提式灭火器应放置在灭火器箱内或挂钩、托架上，其顶部离地面高度不应大于1500mm，底部离地面高度不宜小于80mm。

以一层为例，一层按A类火灾中危险级配置手提式灭火器至少为9具。

2.2.5　消防自动喷淋系统识图

自动喷淋系统图应从流水方向进行识读，即供水水源→湿式报警阀组→立管→各层支管→末端试水装置。

从×××派出所的消防设计总说明与图例（图号S-通-002）了解到，自动喷淋灭火系统水源来源于地下室水泵房的自动喷淋泵和屋顶高位消防水箱，连通湿式报警阀组，输送至需要安装自动喷淋的楼层。本项目地下部分略。

2.2.5.1　立管识图

从一层自喷消防平面图（图2-10、图2-11）和自动喷淋灭火系统原理图（图2-12）了解到，本项目的自动喷淋灭火系统有2根立管，分别是HL-1、HL-2，在②-2轴上，位于②-C轴至②-D轴之间，起点标高为-4.700m，其中，HL-1连通湿式报警阀组形成立管，延伸至各楼层后，引出支管分配到各楼层的各个喷淋头；HL-2连接屋顶高位消防水箱，连通湿式报警阀组，将水源输送至各安装自动喷淋的楼层。

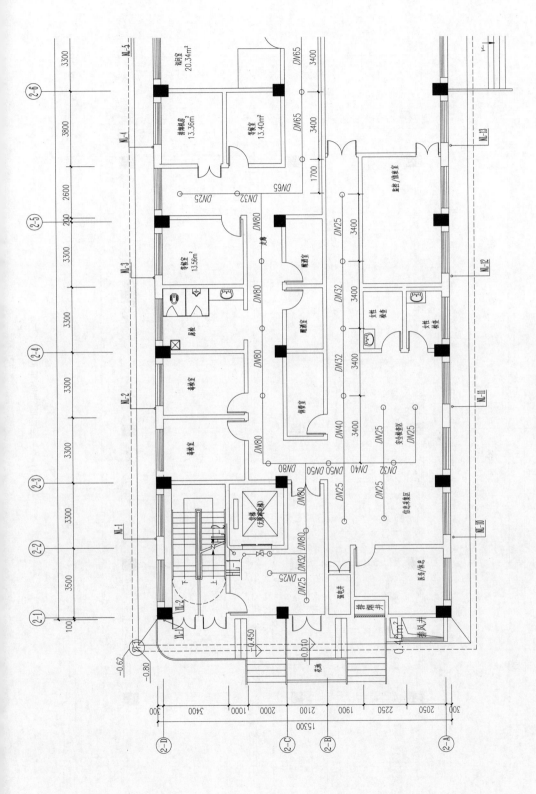

图2-10 一层自喷消防平面图（一）

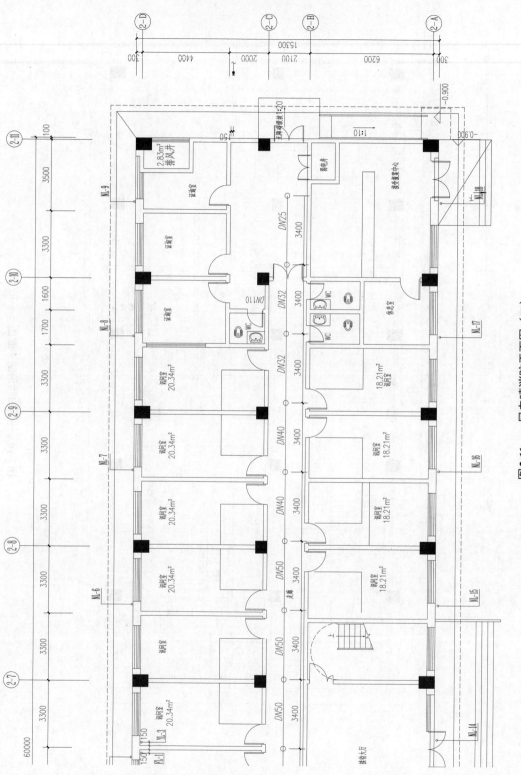

图 2-11 一层自喷消防平面图（二）

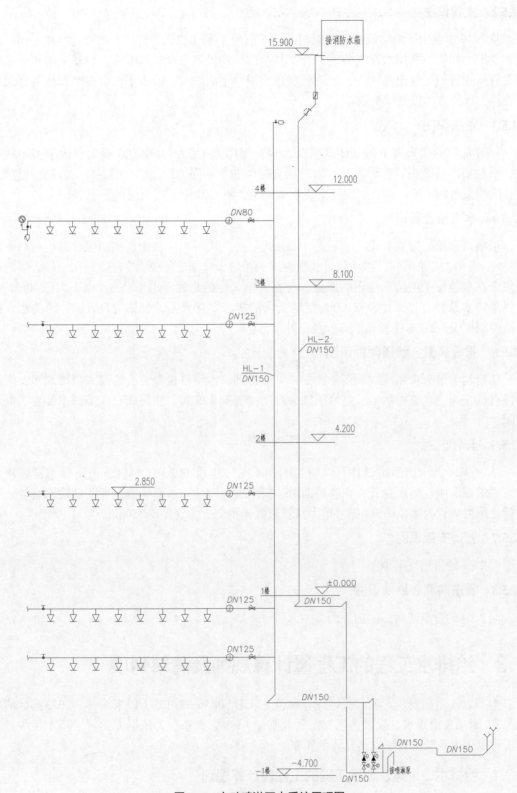

图2-12 自动喷淋灭火系统原理图

2.2.5.2　支管识图

从×××派出所消防设计总说明与图例（图号S-通-002）了解到，本项目除楼梯间、水池和变配电间等不宜用水灭火的地方外，其余部位均设置自动喷淋喷头。自动喷淋灭火系统的支管从立管处延伸至各喷头，识读各层自喷消防平面图时，沿流水方向逐个识读各楼层支管管径、延伸方向以及喷头数量。

2.2.5.3　喷头识图

一般常见的喷头有下垂型闭式喷头、直立型闭式喷头、上喷闭式喷头、边墙型闭式喷头、下垂型水幕喷头等五种类型。以一层自喷消防平面图（图2-10、图2-11）为例，通过本项目的喷头图例了解到，一层设计安装下垂型闭式喷头30个。喷头图例见表2-2。

2.2.5.4　水泵接合器识图

水泵接合器分为地上式、地下式、墙壁式三种。从×××派出所消防设计总说明与图例（图号S-通-002）了解到，本项目自动喷淋灭火系统设置了2套水泵接合器，水泵接合器的设置位置在室外便于消防车使用的地点，与室外消火栓的距离不小于15m，也不大于40m。本项目消防水泵接合器采用SQS100-A型地上式消防水泵接合器，规格为DN100。消防水泵接合器图例见表2-2。本项目地下部分及室外部分略。

2.2.5.5　报警装置、管道附件识图

从自动喷淋灭火系统原理图（图2-12）了解到，本项目报警装置为湿式报警阀组，管道附件有截止阀、水流指示器、信号闸阀、自动排气阀、蝶阀、止回阀、末端试水装置、电动闸阀。

2.2.5.6　套管识图

从×××派出所消防设计总说明与图例（图号S-通-002）了解到，消防管道穿越楼面时，要求现浇刚性防水套管，穿越屋面时，要求现浇刚性防水套管或预埋刚性防水套管。压力管处预留套管为管径d+50mm，重力流管道处预留套管为管径d+150mm。

2.2.5.7　管道支架识图

同2.2.4的管道支架识图。

2.2.5.8　管道防腐、刷油识图

同2.2.4的管道防腐、刷油识图。

2.3　给排水工程的工程量计算规则及清单列项

本节以《通用安装工程工程量计算规范》（GB 50856—2013）（以下简称"2013国标清单规范"）附录K给排水、采暖、燃气工程及附录J.1水灭火系统为依据，学习给排水工程、消防工程水灭火系统的计量规则及清单列项。

2.3.1　给排水、采暖、燃气工程的工程量计算规则

给排水、采暖、燃气管道工程量清单项目设置、项目特征描述的内容、计量单位及工程量计算规则，应按表2-4的规定执行。

表 2-4　给排水、采暖、燃气管道（编码 031001）

项目编码	项目名称	项目特征	计量单位	工程量计算规则	工作内容
031001001	镀锌钢管	1.安装部位 2.介质 3.规格、压力等级 4.连接形式 5.压力试验及吹、洗设计要求 6.警示带形式			1.管道安装 2.管件制作、安装 3.压力试验 4.吹扫、冲洗 5.警示带铺设
031001002	钢管				
031001003	不锈钢管				
031001004	铜管				
031001005	铸铁管	1.安装部位 2.介质 3.材质、规格 4.连接形式 5.接口材料 6.压力试验及吹、洗设计要求 7.警示带形式			1.管道安装 2.管件安装 3.压力试验 4.吹扫、冲洗 5.警示带铺设
031001006	塑料管	1.安装部位 2.介质 3.材质、规格 4.连接形式 5.阻火圈设计要求 6.压力试验及吹、洗设计要求 7.警示带形式	m	按设计图示管道中心线，以长度计算	1.管道安装 2.管件安装 3.塑料卡固定 4.阻火圈安装 5.压力试验 6.吹扫、冲洗 7.警示带铺设
031001007	复合管	1.安装部位 2.介质 3.材质、规格 4.连接形式 5.压力试验及吹、洗设计要求 6.警示带形式			1.管道安装 2.管件安装 3.塑料卡固定 4.压力试验 5.吹扫、冲洗 6.警示带铺设
031001008	直埋式预制保温管	1.埋设深度 2.介质 3.管道材质、规格 4.连接形式 5.接口保温材料 6.压力试验及吹、洗设计要求 7.警示带形式			1.管道安装 2.管件安装 3.接口保温 4.压力试验 5.吹扫、冲洗 6.警示带铺设
031001009	承插陶瓷缸瓦管	1.埋设深度 2.规格 3.接口方式及材料 4.压力试验及吹、洗设计要求 5.警示带形式			1.管道安装 2.管件安装 3.压力试验 4.吹扫、冲洗 5.警示带铺设
031001010	承插水泥管				

项目编码	项目名称	项目特征	计量单位	工程量计算规则	工作内容
031001011	室外管道碰头	1.介质 2.碰头形式 3.材质、规格 4.连接形式 5.防腐、绝热设计要求	处	按设计图示，以处计算	1.挖填工作坑或暖气沟拆除及修复 2.碰头 3.接口处防腐 4.接口处绝热及保护层

注：1.安装部位，指管道安装在室内、室外。

2.输送介质包括给水、排水、中水、雨水、热媒体、燃气、空调水等。

3.方形补偿器制作安装应含在管道安装综合单价中。

4.铸铁管安装适用于承插铸铁管、球墨铸铁管、柔性抗震铸铁管等。

5.塑料管安装适用于UPVC、PVC、PP-C、PP-R、PE、PB管等塑料管材。

6.复合管安装适用于钢塑复合管、铝塑复合管、钢骨架复合管等复合型管道安装。

7.直埋保温管包括直埋保温管件安装及接口保温。

8.排水管道安装包括立管检查口、透气帽。

9.室外管道碰头：

①适用于新建或扩建工程热源、水源、气源管道与原（旧）有管道碰头；

②室外管道碰头包括挖工作坑、土方回填或暖气沟局部拆除及修复；

③带介质管道碰头包括开关闸、临时放水管线铺设等费用；

④热源管道碰头每处包括供、回水两个接口；

⑤碰头形式指带介质碰头、不带介质碰头。

10.管道工程量计算不扣除阀门管件（包括减压器、疏水器、水表、伸缩器等组成安装）及附属构筑物所占长度；方形补偿器以其所占长度列入管道安装工程量。

11.压力试验按设计要求描述试验方法，如水压试验、气压试验、泄漏性试验、闭水试验、通球试验、真空试验等。

12.吹、洗按设计要求描述吹扫、冲洗方法，如水冲洗、消毒冲洗、空气吹扫等。

支架及其他工程量清单项目设置、项目特征描述的内容、计量单位及工程量计算规则，应按表2-5的规定执行。

表2-5 支架及其他（编码031002）

项目编码	项目名称	项目特征	计量单位	工程量计算规则	工作内容
031002001	管道支架	1.材质 2.管架形式	1.kg 2.套	1.以"kg"计量，按设计图示质量计算 2.以套计量，按设计图示数量计算	1.制作 2.安装
031002002	设备支架	1.材质 2.形式			
031002003	套管	1.名称、类型 2.材质 3.规格 4.填料材质	个	按设计图示数量计算	1.制作 2.安装 3.除锈、刷油

注：1.单件支架质量100kg以上的管道支吊架执行设备支吊架制作安装。

2.成品支架安装执行相应管道支架或设备支架项目，不再计取制作费，支架本身价值含在综合单价中。

3.套管制作安装，适用于穿基础、墙、楼板等部位的防水套管、填料套管、无填料套管及防火套管等，应分别列项。

管道附件工程量清单项目设置、项目特征描述的内容、计量单位及工程量计算规则，应按表2-6的规定执行。

表 2-6　管道附件（编码 031003）

项目编码	项目名称	项目特征	计量单位	工程量计算规则	工作内容
031003001	螺纹阀门	1.类型 2.材质 3.规格、压力等级 4.连接形式 5.焊接方法	个	按设计图示数量计算	1.安装 2.电气接线 3.调试
031003002	螺纹法兰				
031003003	阀门				
031003004	焊接法兰阀门	1.材质 2.规格、压力等级 3.连接形式 4.接口方式及材质			
031003005	带短管甲乙阀门	1.规格 2.连接形式			1.安装 2.调试
031003006	塑料阀门	1.材质 2.规格、压力等级 3.连接形式 4.附件配置	组		组装
031003007	减压器				
031003008	疏水器	1.材质 2.规格、压力等级 3.连接形式			
031003009	除污器（过滤器）	1.类型 2.材质 3.规格、压力等级 4.连接形式	个		安装
031003010	软接头（软管）	1.材质 2.规格 3.连接形式	个 （组）		
031003011	法兰	1.材质 2.规格、压力等级 3.连接形式	副 （片）		
031003012	倒流防止器	1.材质 2.型号、规格 3.连接形式	套		
031003013	水表	1.安装部位（室内外） 2.型号、规格 3.连接形式 4.附件配置	组 （个）		组装
031003014	热量表	1.类型 2.型号、规格 3.连接形式	块		
031003015	塑料排水管消声器	1.规格 2.连接形式	个		安装
031003016	浮标液面计		组		
031003017	浮漂水位标尺	1.用途 2.规格	套		

注：1.法兰阀门安装包括法兰连接，不得另计。阀门安装如仅为一侧法兰连接时，应在项目特征中描述。

2.塑料阀门连接形式需注明热熔连接、粘接、热风焊接等方式。

3.减压器规格按高压侧管道规格描述。

4.减压器、疏水器、倒流防止器等项目包括组成与安装工作内容，项目特征应根据设计要求描述附件配置情况，或根据××图集或××施工图做法描述。

卫生器具工程量清单项目设置、项目特征描述的内容、计量单位及工程量计算规则，应按表2-7的规定执行。

表2-7 卫生器具（编码031004）

项目编码	项目名称	项目特征	计量单位	工程量计算规则	工作内容
031004001	浴缸	1.材质 2.规格、类型 3.组装形式 4.附件名称、数量	组	按设计图示数量计算	1.器具安装 2.附件安装
031004002	净身盆				
031004003	洗脸盆				
031004004	洗涤盆				
031004005	化验盆				
031004006	大便器				
031004007	小便器				
031004008	其他成品卫生器具				
031004009	烘手器	1.材质 2.型号、规格	个		安装
031004010	淋浴器	1.材质、规格 2.组装形式 3.附件名称、数量			1.器具安装 2.附件安装
031004011	淋浴间				
031004012	桑拿浴房				
031004013	大、小便槽自动冲洗水箱	1.材质、类型 2.规格 3.水箱配件 4.支架形式及做法 5.器具及支架除锈、刷油设计要求	套		1.制作 2.安装 3.支架制作、安装 4.除锈、刷油
031004014	给、排水附（配）件	1.材质 2.型号、规格 3.安装方式	个（组）		安装
031004015	小便槽冲洗管	1.材质 2.规格	m	按设计图示长度计算	1.制作 2.安装
031004016	蒸汽-水加热器	1.类型 2.型号、规格 3.安装方式	套	按设计图示数量计算	
031004017	冷热水混合器				
031004018	饮水器				
031004019	隔油器	1.类型 2.型号、规格 3.安装部位			安装

注：1.成品卫生器具项目中的附件安装，主要指给水附件包括水嘴、阀门喷头等，排水配件包括存水弯、排水栓、下水口等以及配备的连接管。

2. 浴缸支座和浴缸周边的砌砖、瓷砖粘贴，应按现行国家标准《房屋建筑与装饰工程工程量计算规范》（GB 50854—2013）相关项目编码列项；功能性浴缸不含电机接线和调试，应按2013国标清单规范附录D电气设备安装工程相关项目编码列项。

3. 洗脸盆适用于洗脸盆、洗发盆、洗手盆安装。

4. 器具安装中若采用混凝土或砖基础，应按现行国家标准《房屋建筑与装饰工程工程量计算规范》（GB 50854—2013）相关项目编码列项。

5. 给、排水附（配）件是指独立安装的水嘴、地漏、地面扫出口等。

供暖器具工程量清单项目设置、项目特征描述的内容、计量单位及工程量计算规则，应按表2-8的规定执行。

表 2-8 供暖器具（编码 031005）

项目编码	项目名称	项目特征	计量单位	工程量计算规则	工作内容
031005001	铸铁散热器	1.型号、规格 2.安装方式 3.托架形式 4.器具、托架除锈、刷油设计要求	片（组）	按设计图示数量计算	1.组对、安装 2.水压试验 3.托架制作、安装 4.除锈、刷油
031005002	钢制散热器	1.结构形式 2.型号、规格 3.安装方式 4.托架刷油设计要求	组（片）		1.安装 2.托架安装 3.托架刷油
031005003	其他成品散热器	1.材质、类型 2.型号、规格 3.托架刷油设计要求	组（片）		
031005004	光排管散热器	1.材质、类型 2.型号、规格 3.托架形式及做法 4.器具、托架除锈、刷油设计要求	m	按设计图示排管长度计算	1.制作、安装 2.水压试验 3.除锈、刷油
031005005	暖风机	1.质量 2.型号、规格 3.安装方式	台	按设计图示数量计算	安装
031005006	地板辐射采暖	1.保温层材质、厚度 2.钢丝网设计要求 3.管道材质、规格 4.压力试验及吹扫设计要求	1. m² 2.m	1. 以"m²"计量，按设计图示采暖房间净面积计算 2.以"m"计量，按设计图示管道长度计算	1.保温层及钢丝网铺设 2.管道排布、绑扎、固定 3.与分集水器连接 4.水压试验、冲洗 5.配合地面浇注
031005007	热媒集配装置	1.材质 2.规格 3.附件名称、规格、数量	台	按设计图示数量计算	1.制作 2.安装 3.附件安装
031005008	集气罐	1.材质 2.规格	个		1.制作 2.安装

注：1.铸铁散热器，包括拉条制作、安装。
2.钢制散热器结构形式，包括钢制闭式、板式、壁板式、扁管式及柱式散热器等，应分别列项计算。
3.光排管散热器，包括联管制作、安装。

采暖、给排水设备工程量清单项目设置、项目特征描述的内容、计量单位及工程量计算规则，应按表2-9的规定执行。

表 2-9 采暖、给排水设备（编码 031006）

项目编码	项目名称	项目特征	计量单位	工程量计算规则	工作内容
031006001	变频给水设备	1.设备名称 2.型号、规格 3.水泵主要技术参数 4.附件名称、规格、数量 5.减震装置形式	套		1.设备安装 2.附件安装 3.调试 4.减震装置制作、安装
031006002	稳压给水设备				
031006003	无负压给水设备				
031006004	气压罐	1.型号、规格 2.安装方式	台		1.安装 2.调试
031006005	太阳能集热装置	1.型号、规格 2.安装方式 3.附件名称、规格、数量	套		1.安装 2.附件安装
031006006	地源（水源、气源）热泵机组	1.型号、规格 2.安装方式 3.减震装置形式	组	按设计图示数量计算	1.安装 2.减震装置制作、安装
031006007	除砂器	1.型号、规格 2.安装方式			安装
031006008	水处理器	1.类型 2.型号、规格			
031006009	超声波灭藻设备				
031006010	水质净化器		台		
031006011	紫外线杀菌设备	1.名称 2.规格			
031006012	热水器、开水炉	1.能源种类 2.型号、容积 3.安装方式			1.安装 2.附件安装
031006013	消毒器、消毒锅	1.类型 2.型号、规格			安装
031006014	直饮水设备	1.名称 2.规格	套		安装
031006015	水箱	1.材质、类型 2.型号、规格	台		1.制作 2.安装

注：1.变频给水设备、稳压给水设备、无负压给水设备安装，说明：

①压力容器包括气压罐、稳压罐、无负压罐；

②水泵包括主泵及备用泵，应注明数量；

③附件包括给水装置中配备的阀门、仪表、软接头，应注明数量，含设备、附件之间管路连接；

④底座安装，不包括基础砌（浇）筑，应按现行国家标准《房屋建筑与装饰工程工程量计算规范》（GB 50854—2013）相关项目编码列项；

⑤控制柜安装及电气接线、调试应按2013国标清单规范附录D电气设备安装工程相关项目编码列项。

2.地源热泵机组，接管以及接管上的阀门、软接头、减震装置和基础另行计算，应按相关项目编码列项。

燃气器具及其他工程量清单项目设置、项目特征描述的内容、计量单位及工程量计算规则，应按表2-10的规定执行。

表 2-10　燃气器具及其他（编码 031007）

项目编码	项目名称	项目特征	计量单位	工程量计算规则	工作内容
031007001	燃气开水炉	1.型号、容量 2.安装方式 3.附件型号、规格	台	按设计图示 数量计算	1.安装 2.附件安装
031007002	燃气采暖炉				
031007003	燃气沸水器、消毒器	1.类型 2.型号、容量 3.安装方式 4.附件型号、规格			
031007004	燃气热水器				
031007005	燃气表	1.类型 2.型号、规格 3.连接方式 4.托架设计要求	块（台）		1.安装 2.托架制作、安装
031007006	燃气灶具	1.用途 2.类型 3.型号、规格 4.安装方式 5.附件型号、规格	台		1.安装 2.附件安装
031007007	气嘴	1.单嘴、双嘴 2.材质 3.型号、规格 4.连接形式	个		安装
031007008	调压器	1.类型 2.型号、规格 3.安装方式	台		
031007009	燃气抽水缸	1.材质 2.规格 3.连接形式	个		
031007010	燃气管道调长器	1.规格 2.压力等级 3.连接形式	个		
031007011	调压箱、调压装置	1.类型 2.型号、规格 3.安装部位	台		
031007012	引入口砌筑	1.砌筑形式、材质 2.保温、保护材料设计要求	处		1.保温（保护）台砌筑 2.填充保温（保护）材料

注：1.沸水器、消毒器适用于容积式沸水器、自动沸水器、燃气消毒器等。

2.燃气灶具适用于人工煤气灶具、液化石油气灶具、天然气燃气灶具等，用途应描述民用或公用，类型应描述所采用气源。

3.调压箱，调压装置安装部位应区分室内、室外。

4.引入口砌筑形式，应注明地上、地下。

　　医疗气体设备及附件工程量清单项目设置、项目特征描述的内容、计量单位及工程量计算规则，应按表2-11的规定执行。

表 2-11　医疗气体设备及附件（编码 031008）

项目编码	项目名称	项目特征	计量单位	工程量计算规则	工作内容
031008001	制氧机	1.型号、规格 2.安装方式	台	按设计图示 数量计算	1.安装 2.调试
031008002	液氧罐				
031008003	二级稳压箱				
031008004	气体汇流排		组		
031008005	集污罐		个		安装
031008006	刷手池	1.材质、规格 2.附件材质、规格	组		1.器具安装 2.附件安装
031008007	医用真空罐	1.型号、规格 2.安装方式 3.附件材质、规格	台	按设计图示 数量计算	1.本体安装 2.附件安装 3.调试
031008008	气水分离器	1.规格 2.型号			安装
031008009	干燥机				
031008010	储气罐				
031008011	空气过滤器	1.规格 2.安装方式	个	按设计图示 数量计算	1.安装 2.调试
031008012	集水器		台	按设计图示 数量计算	
031008013	医疗设备带	1.材质 2.规格	m	按设计图示 长度计算	
031008014	气体终端	1.名称 2.气体种类	个	按设计图示 数量计算	

注：1.气体汇流排适用于氧气、二氧化碳、氮气、笑气、氩气、压缩空气等医用气体汇流排安装。
　　2.空气过滤器适用于医用气体预过滤器、精过滤器、超精过滤器等安装。

采暖、空调水工程系统调试工程量清单项目设置、项目特征描述的内容、计量单位及工程量计算规则，应按表2-12的规定执行。

表 2-12　采暖、空调水工程系统调试（编码 031009）

项目编码	项目名称	项目特征	计量单位	工程量计算规则	工作内容
031009001	采暖工程系统调试	1.系统形式 2.采暖（空调水）管道工程量	系统	按采暖工程 系统计算	系统调试
031009002	空调水工程系统调试		系统	按空调水工程 系统计算	

注：1.由采暖管道、阀门及供暖器具组成采暖工程系统。
　　2.由空调水管道、阀门及冷水机组组成空调水工程系统。
　　3.当采暖工程系统、空调水工程系统中管道工程量发生变化时，系统调试费用应作相应调整。

相关问题及说明如下：

（1）管道界限的划分。

① 给水管道室内外界限划分：以建筑物外墙皮1.5m为界，入口处设阀门者以阀门为界。

② 排水管道室内外界限划分：以出户第一个排水检查井为界。

③ 采暖管道室内外界限划分：以建筑物外墙皮1.5m为界，入口处设阀门者以阀门为界。

④ 燃气管道室内外界限划分：地下引入室内的管道以室内第一个阀门为界，地上引入室内的管道以墙外三通为界。

（2）管道热处理、无损探伤，应按2013国标清单规范附录H工业管道工程相关项目编码列项。

（3）医疗气体管道及附件，应按2013国标清单规范附录H工业管道工程相关项目编码列项。

（4）管道、设备及支架除锈、刷油、保温除注明者外，应按2013国标清单规范附录M刷油、防腐蚀、绝热工程相关项目编码列项。

（5）凿槽（沟）、打洞项目，应按2013国标清单规范附录D电气设备安装工程相关项目编码列项。

2.3.2 消防工程水灭火系统的工程量计算规则

水灭火系统工程量清单项目设置、项目特征描述的内容、计量单位及工程量计算规则，应按表2-13的规定执行。

表 2-13 水灭火系统（编码 030901）

项目编码	项目名称	项目特征	计量单位	工程量计算规则	工作内容
030901001	水喷淋钢管	1.安装部位 2.材质、规格 3.连接形式 4.钢管镀锌设计要求 5.压力试验及冲洗设计要求 6.管道标识设计要求	m	按设计图示管道中心线，以长度计算	1.管道及管件安装 2.钢管镀锌 3.压力试验 4.冲洗 5.管道标识
030901002	消火栓钢管				
030901003	水喷淋（雾）喷头	1.安装部位 2.材质、型号、规格 3.连接形式 4.装饰盘设计要求	个	按设计图示数量计算	1.安装 2.装饰盘安装 3.严密性试验
030901004	报警装置	1.名称 2.型号、规格	组		1.安装 2.电气接线 3.调试
030901005	温感式水幕装置	1.型号、规格 2.连接形式			
030901006	水流指示器	1.规格、型号 2.连接形式	个		
030901007	减压孔板	1.材质、规格 2.连接形式			
030901008	末端试水装置	1.规格 2.组装形式	组		

项目编码	项目名称	项目特征	计量单位	工程量计算规则	工作内容
030901009	集热板制作安装	1.材质 2.支架形式	个		1.制作、安装 2.支架制作、安装
030901010	室内消火栓	1.安装方式 2.型号、规格 3.附件材质、规格	套		1.箱体及消火栓安装 2.配件安装
030901011	室外消火栓				1.安装 2.配件安装
030901012	消防水泵接合器	1.安装部位 2.型号、规格 3.附件材质、规格	套	按设计图示数量计算	1.安装 2.附件安装
030901013	灭火器	1.形式 2.规格、型号	具（组）		设置
030901014	消防水炮	1.水炮类型 2.压力等级 3.保护半径	台		1.本体安装 2.调试

注：1.水灭火管道工程量计算，不扣除阀门、管件及各种组件所占长度，以延长米计算。

2.水喷淋（雾）喷头安装部位应区分有吊顶、无吊顶。

3.报警装置适用于湿式报警装置、干湿两用报警装置、电动雨淋报警装置、预作用报警装置等报警装置安装。报警装置安装包括装配管（除水力警铃进水管）的安装，水力警铃进水管并入消防管道工程量，其中：

① 湿式报警装置，包括湿式阀、蝶阀、装配管、供水压力表、装置压力表、试验阀、泄放试验阀、泄放试验管、试验管流量计、过滤器、延时器、水力警铃、报警截止阀、漏斗、压力开关等。

② 干湿两用报警装置，包括两用阀、蝶阀、装配管、加速器、加速器压力表、供水压力表、试验阀、泄放试验阀（湿式、干式）、挠性接头、泄放试验管、试验管流量计、排气阀、截止阀、漏斗、过滤器、延时器、水力警铃、压力开关等。

③ 电动雨淋报警装置，包括雨淋阀、蝶阀、装配管、压力表、泄放试验阀、流量表、截止阀、注水阀、止回阀、电磁阀、排水阀、手动应急球阀、报警试验阀、漏斗、压力开关、过滤器、水力警铃等。

④ 预作用报警装置，包括报警阀、控制蝶阀、压力表、流量表、截止阀、排放阀、注水阀、止回阀、泄放阀、报警试验阀、液压切断阀、装配管、供水检验管、气压开关、试压电磁阀、空压机、应急手动试压器、漏斗、过滤器、水力警铃等。

4.温感式水幕装置，包括给水三通至喷头、阀门间的管道、管件、阀门、喷头等全部内容的安装。

5.末端试水装置，包括压力表、控制阀等附件安装。末端试水装置安装中不含连接管及排水管安装，其工程量并入消防管道。

6.室内消火栓，包括消火栓箱、消火栓、水枪、水龙头、水龙带接扣、自救卷盘、挂架、消防按钮；落地消火栓箱包括箱内手提灭火器。

7.室外消火栓，安装方式分地上式、地下式；地上式消火栓安装包括地上式消火栓、法兰接管、弯管底座；地下式消火栓安装包括地下式消火栓、法兰接管、弯管底座或消火栓三通。

8.消防水泵接合器，包括法兰接管及弯头安装，接合器井内阀门、弯管底座、标牌等附件安装。

9.减压孔板若在法兰盘内安装，其法兰计入组价中。

10.消防水炮分普通手动水炮、智能控制水炮。

2.3.3 生活给水系统清单列项

以一层生活给水系统为例，生活给水系统清单列项如表2-14所示。

表 2-14　生活给水系统清单列项

序号	清单编号	项目名称	单位
1	031001007001	钢塑复合（PSP）给水管 DN125，室内安装，内胀式连接，P_N=1.6MPa，含管道消毒冲洗及试压	m
2	031001007002	钢塑复合（PSP）给水管 DN100，室内安装，内胀式连接，P_N=1.6MPa，含管道消毒冲洗及试压	m
3	031001007003	钢塑复合（PSP）给水管 DN80，室内安装，内胀式连接，P_N=1.6MPa，含管道消毒冲洗及试压	m
4	031001007004	钢塑复合（PSP）给水管 DN65，室内安装，内胀式连接，P_N=1.6MPa，含管道消毒冲洗及试压	m
5	031001007005	钢塑复合（PSP）给水管 DN40，室内安装，内胀式连接，P_N=1.6MPa，含管道消毒冲洗及试压	m
6	031001007006	钢塑复合（PSP）给水管 DN32，室内安装，内胀式连接，P_N=1.6MPa，含管道消毒冲洗及试压	m
7	031001007007	钢塑复合（PSP）给水管 DN25，室内安装，内胀式连接，P_N=1.6MPa，含管道消毒冲洗及试压	m
8	031001006001	PP-R塑料给水管 DN32，室内安装，热熔连接，P_N=1.0MPa，含管道消毒冲洗及试压	m
9	031001006002	PP-R塑料给水管 DN25，室内安装，热熔连接，P_N=1.0MPa，含管道消毒冲洗及试压	m
10	031001006003	PP-R塑料给水管 DN15，室内安装，热熔连接，P_N=1.0MPa，含管道消毒冲洗及试压	m
11	031003001001	截止阀 DN32，P_N=1.0MPa，螺纹连接	个
12	031003001002	截止阀 DN25，P_N=1.0MPa，螺纹连接	个
13	031003003001	闸阀 DN100，P_N=1.0MPa，法兰连接	个
14	031002003001	穿楼板钢套管制作、安装 DN110	个
15	031004006001	蹲式大便器，配 DN25 自动冲洗阀	组
16	031004006002	坐式大便器，水箱冲洗	组
17	031004007001	挂式小便器，配 DN15 自闭式冲洗阀	组
18	031004003001	台式洗脸盆，单冷	组
19	031004003002	立柱式洗脸盆，单冷	组
20	031004010001	淋浴器安装	套
21	031004014001	水嘴安装	组

2.3.4 室内排水系统清单列项

以一层室内排水系统为例，室内排水系统清单列项如表2-15所示。

表 2-15 室内排水系统清单列项

序号	清单编号	项目名称	单位
1	031001006004	PVC-U塑料排水管 De160，室内安装，承插粘接	m
2	031001006005	PVC-U塑料排水管 De110，室内安装，承插粘接	m
3	031001006006	PVC-U塑料排水管 DN110，室内安装，承插粘接	m
4	031001006007	PVC-U塑料排水管 DN75，室内安装，承插粘接	m
5	031001006008	PVC-U塑料排水管 DN50，室内安装，承插粘接	m
6	031004014001	地漏 DN75	个
7	031004014002	排水栓 DN50（带存水弯）	组
8	031004014003	清扫口 De160	个
9	031004014004	清扫口 De110	个

2.3.5 室内消火栓清单列项

以一层室内消火栓为例，室内消火栓清单列项如表2-16所示。

表 2-16 室内消火栓清单列项

序号	清单编号	项目名称	单位
1	030901002001	室内消火栓镀锌钢管 DN150，法兰连接，水压试验，水冲洗	m
2	030901002002	室内消火栓镀锌钢管 DN100，法兰连接，水压试验，水冲洗	m
3	030901002003	室内消火栓镀锌钢管 DN65，法兰连接，水压试验，水冲洗	m
4	031201001001	管道刷红色调和漆两遍	m^2
5	031002001001	管道支架制作、安装	kg
6	031201003001	管道支架除锈后刷环氧煤沥青涂料，普通级（三油），厚度0.3mm	kg
7	030901010001	室内消火栓单栓单出口铝合金消火栓箱（甲型），DN65，800mm×650mm×240mm，水龙带25m，19mm口径水枪，报警按钮	套
8	031003003001	蝶阀 DN65，法兰连接	个
9	031003003002	蝶阀 DN100，法兰连接	个
10	031002003001	刚性防水套管制作、安装 DN150	个
11	030901013001	灭火器，手提式MF/ABC4	具（组）

2.3.6 消防自动喷淋系统清单列项

以一层消防自动喷淋系统为例，消防自动喷淋系统清单列项如表2-17所示。

表 2-17 消防自动喷淋系统清单列项

序号	清单编号	项目名称	单位
1	030901001001	室内水喷淋镀锌钢管DN150，沟槽连接，水压试验，水冲洗	m
2	030901001002	室内水喷淋镀锌钢管DN125，沟槽连接，水压试验，水冲洗	m
3	030901001003	室内水喷淋镀锌钢管DN80，沟槽连接，水压试验，水冲洗	m
4	030901001004	室内水喷淋镀锌钢管DN65，沟槽连接，水压试验，水冲洗	m
5	030901001005	室内水喷淋镀锌钢管DN50，螺纹连接，水压试验，水冲洗	m
6	030901001006	室内水喷淋镀锌钢管DN40，螺纹连接，水压试验，水冲洗	m
7	030901001007	室内水喷淋镀锌钢管DN32，螺纹连接，水压试验，水冲洗	m
8	030901001008	室内水喷淋镀锌钢管DN25，螺纹连接，水压试验，水冲洗	m
9	031201001001	管道刷红色调和漆两遍	m^2
10	031002001001	管道支架制作、安装	kg
11	031201003001	管道支架除锈后刷环氧煤沥青涂料，普通级（三油），厚度0.3mm	kg
12	030901003001	水喷淋下垂型闭式喷头	个
13	030901006001	水流指示器DN125，沟槽连接	个
14	031003003001	信号闸阀DN125，沟槽连接	个
15	031003001001	截止阀，螺纹连接	个
16	031002003001	刚性防水套管制作、安装DN200	个

2.4 BIM安装算量建模

2.4.1 BIM安装算量软件概述

品茗BIM安装算量是一款基于AutoCAD图形平台开发的工程量自动计算软件，也是图形建模与图表结合式的安装算量软件。应用软件通过手动布置或快速识别CAD电子图建模，建立真实的三维图形模型，辅以灵活开放的计算规则设置，解决给排水、通风空调，电气、采暖等专业安装工程量计算需求。模型搭建快速、细部精益求精、计算范围全面、计算规则专业、数据汇总快速，解决安装造价人员手工计算烦琐、错误多、调整乱、审核难、效率低、工作重等问题。软件操作界面见图2-13。

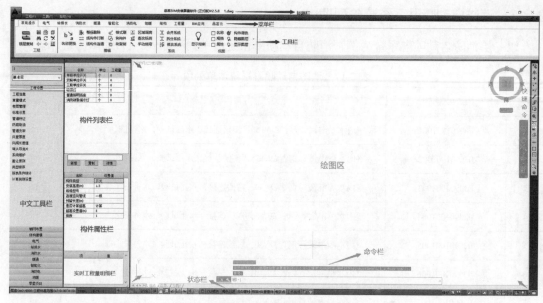

图2-13　软件操作界面

2.4.2　BIM安装算量软件基本操作

2.4.2.1　新建工程

（1）新建工程　双击桌面快捷方式"品茗BIM安装算量软件"启动软件，当软件弹出"新建工程"的对话框时，如图2-14所示，点击【新建工程】，当软件弹出如图2-15所示的对话框时，直接输入保存的工程文件名称和选择保存工程文件位置后，点击【保存】即可（注：CAD2014为基于该电脑上的CAD版本）。

图2-14　新建工程

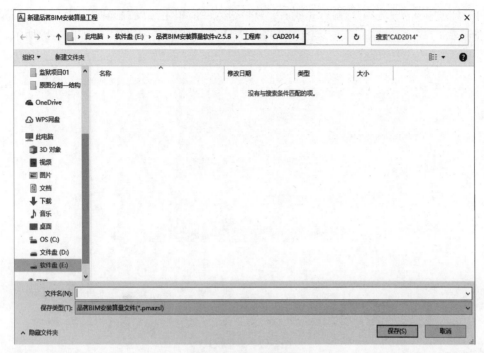

图2-15　保存工程文件

（2）模板选择　在定义工程文件名及保存文件位置后，软件将弹出"选择模板"对话框，软件内置全国大部分省份的模板，可根据工程所在地选择相应模板，如无当地默认模板，则可以选择全国通用模板或软件默认空模板。

（3）工程信息　选择默认模板后，软件弹出"新建工程向导"对话框，根据图纸信息输入×××派出所2#案例工程信息，如工程类别为三类工程，檐高为18.4m等，输入完成后，点击【下一步】，如图2-16所示。

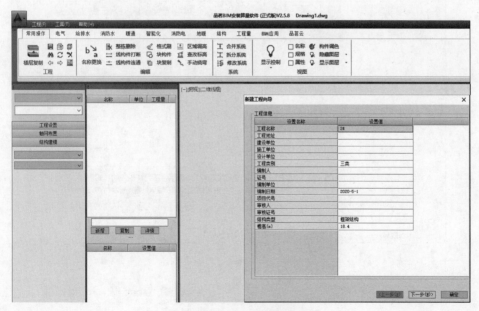

图2-16　输入工程信息

（4）算量模式 工程信息输入完成后，软件进入"清单定额设置选项"对话框，"清单库"选择"全国2013安装清单库"，"定额库"选择"浙江2018安装定额库"，如图2-17所示。

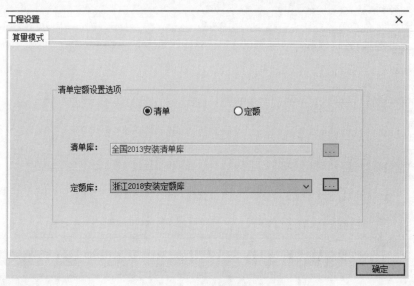

图2-17 算量模式

（5）楼层管理 "清单定额设置选项"设置完成后，点击【确定】，如图2-18所示，在"楼层管理"对话框，可通过"添加楼层"及修改"层高"等设置楼层信息，也可以直接点击【下一步】，通过导入CAD图纸及分割图纸创建楼层。

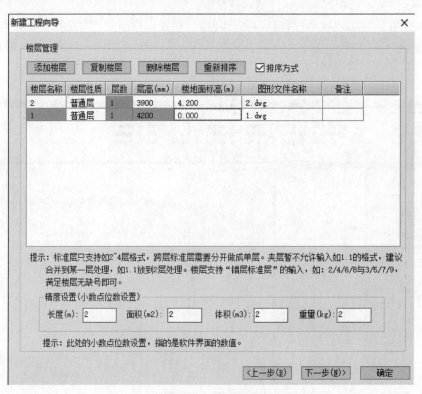

图2-18 楼层管理

（6）工程参数设置　在工程参数设置中，可根据规范或合同文件要求等，对工程参数进行设置，设置完成后，点击【应用至工程】，并点击【完成】即可，如图2-19所示。

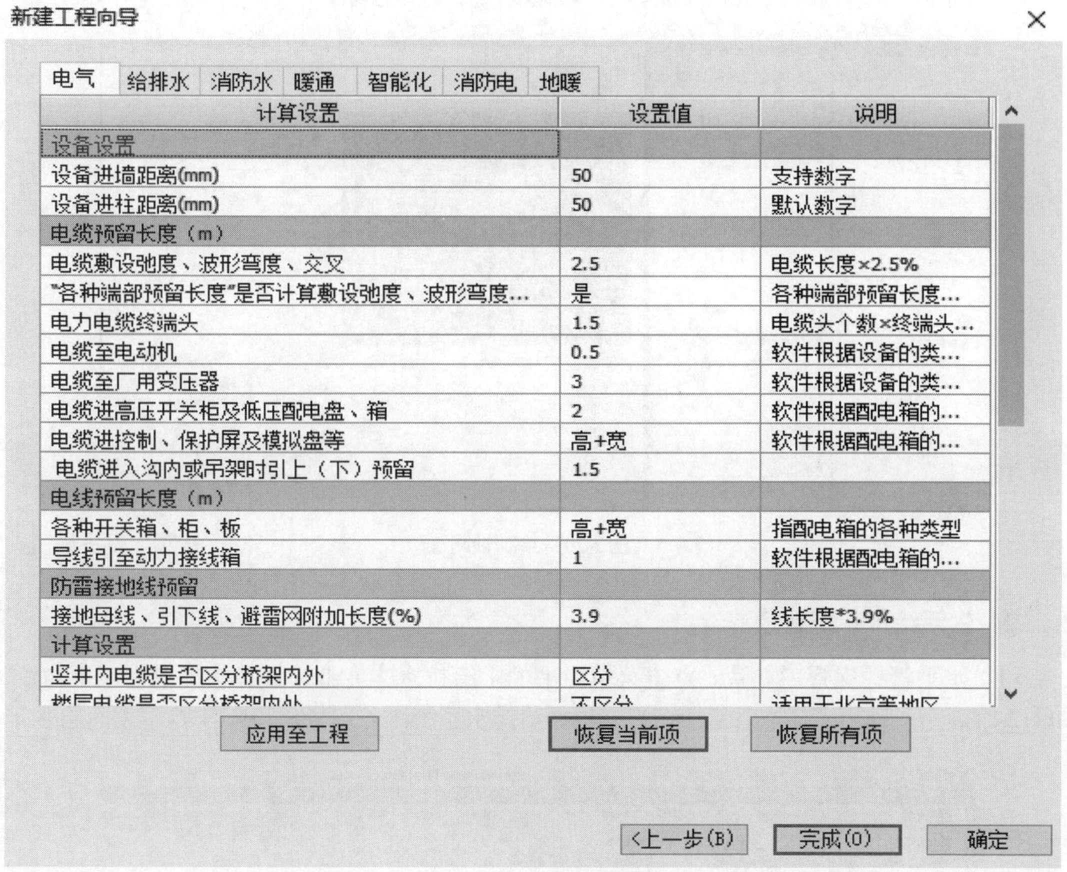

电气	给排水	消防水	暖通	智能化	消防电	地暖

计算设置	设置值	说明
设备设置		
设备进墙距离(mm)	50	支持数字
设备进柱距离(mm)	50	默认数字
电缆预留长度（m）		
电缆敷设弛度、波形弯度、交叉	2.5	电缆长度×2.5%
"各种端部预留长度"是否计算敷设弛度、波形弯度…	是	各种端部预留长度…
电力电缆终端头	1.5	电缆头个数×终端头…
电缆至电动机	0.5	软件根据设备的类…
电缆至厂用变压器	3	软件根据设备的类…
电缆进高压开关柜及低压配电盘、箱	2	软件根据配电箱的…
电缆进控制、保护屏及模拟盘等	高+宽	软件根据配电箱的…
电缆进入沟内或吊架时引上（下）预留	1.5	
电线预留长度（m）		
各种开关箱、柜、板	高+宽	指配电箱的各种类型
导线引至动力接线箱	1	软件根据配电箱的…
防雷接地线预留		
接地母线、引下线、避雷网附加长度(%)	3.9	线长度*3.9%
计算设置		
竖井内电缆是否区分桥架内外	区分	
楼层电缆是否区分桥架内外	不区分	适用于北京等地区

【应用至工程】　【恢复当前项】　【恢复所有项】

〈上一步(B)〉　【完成(0)】　【确定】

图2-19　工程参数设置

2.4.2.2　轴网建立

点击中文工具栏【轴网布置】，选择【绘制轴网】命令，如图2-20所示，当软件弹出"轴网"对话框时，根据图纸轴网信息输入上、下开间和左、右进深及起始轴号、终止轴号，输入完成后点击【应用到楼层】，并选择楼层为2层后点击【确定】，生成轴网，由此，软件自动将起始轴网交点定义为原点，方便不同专业建模时原点的定位。

2.4.3　BIM安装算量建模——给排水系统

下面将以×××派出所2#一层给排水系统为例，学习BIM安装算量给排水系统建模。

2.4.3.1　CAD图纸导入、CAD图纸分割

点击菜单栏的【工程】→【CAD图纸导入】命令，导入"2#给排水施工图"。为提升工作效率及缩减文件大小，需对图纸进行处理、分割。点击菜单栏的【工程】→【CAD图纸分割】命令，按命令提示框框选一～四层、屋面给排水平面图（图号S-101～S-105），在弹出【图纸分割】的提示框中进行分割，校核无误后，点击【确认】即可。

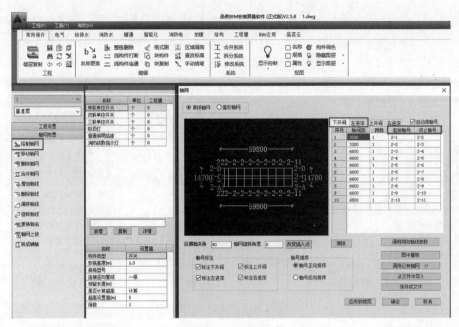

图 2-20　绘制轴网

2.4.3.2　生活给水系统建模

（1）水平管、支管、立管　点击菜单栏上的【给排水】专业，选择【提取管道】命令，如图 2-21 所示，弹出"提取管道"窗口，根据给排水系统图（图号 S-301-1）与卫生间给水排

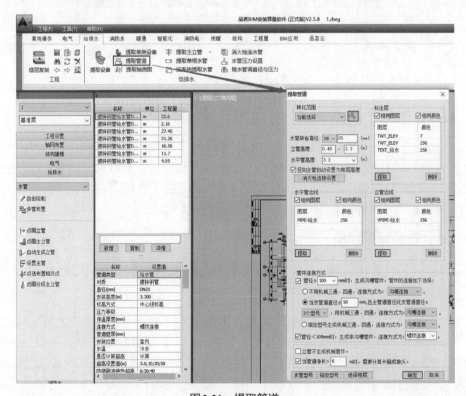

图 2-21　提取管道

水轴测图（图号 S-201）等，设置给水管道的管径、立管高度、水平管高度等，设置完成后，点击【提取】，依次提取给水系统一层的水平管、支管、立管，提取完毕并点击【确定】后，弹出【管道属性修改】窗口，如图 2-22 所示，根据图纸信息对提示框进行校核、修改后，点击【确定】即可。

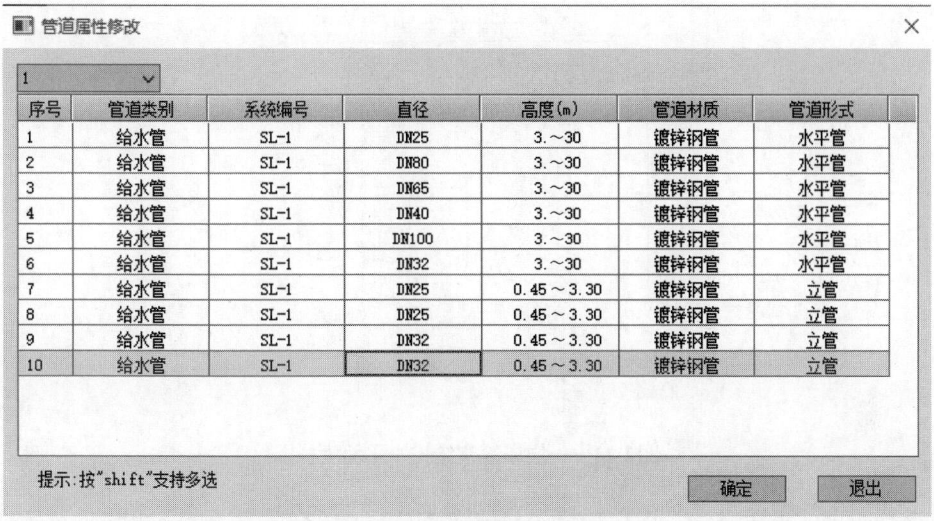

序号	管道类别	系统编号	直径	高度(m)	管道材质	管道形式
1	给水管	SL-1	DN25	3.～30	镀锌钢管	水平管
2	给水管	SL-1	DN80	3.～30	镀锌钢管	水平管
3	给水管	SL-1	DN65	3.～30	镀锌钢管	水平管
4	给水管	SL-1	DN40	3.～30	镀锌钢管	水平管
5	给水管	SL-1	DN100	3.～30	镀锌钢管	水平管
6	给水管	SL-1	DN32	3.～30	镀锌钢管	水平管
7	给水管	SL-1	DN25	0.45～3.30	镀锌钢管	立管
8	给水管	SL-1	DN25	0.45～3.30	镀锌钢管	立管
9	给水管	SL-1	DN32	0.45～3.30	镀锌钢管	立管
10	给水管	SL-1	DN32	0.45～3.30	镀锌钢管	立管

提示：按"shift"支持多选　　　　　　　　确定　　退出

图2-22　管道属性修改

① 生活给水引入管。根据给排水系统图（图号 S-301-1）得知，引入管管径为 $DN125$，但由于一层给排水平面图并未注明给水引入管的管径，因此，需要对已经提取并转化的给水引入管进行处理。点击中文工具栏【给排水】，选择【水管】，在构件列表栏点击【新增】，新增"镀锌钢管给水管 $DN125$"的引入管，并设置新增管道的属性。管道新增完成后，需要将已经转化的给水引入管名称更换为新增的镀锌钢管给水管 $DN125$。点击【常用操作】菜单栏下【构件名称替换】命令，根据命令栏提示，选择减压阀处至室内给水管管道段，如图 2-23 所示，并右键点击【确认】，在弹出的【名称更换】栏，选择"镀锌钢管给水管 $DN125$"后，点击【确认】即可。

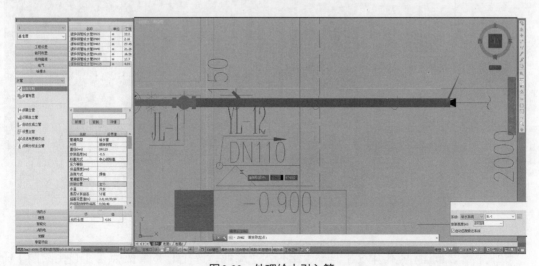

图2-23　处理给水引入管

② 卫生间给水支管、立管。以②-4轴与②-D轴相交处的一层尿检室给排水平面大样图（图2-24）为例，布置卫生间给水支管、立管。

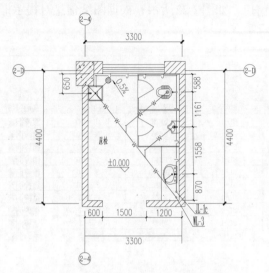

图2-24　一层尿检室给排水平面大样图

　　a.立管布置。首先，将一层尿检室给排水平面大样图带基点复制并粘贴至一层给排水平面图的②-4轴与②-D轴的交点，通过使用查改标高的方式，将JL-1c的标高改为0.000 ～ 3.300m，然后，点击中文工具栏【给排水】专业，选择【水管】，在构件列表栏新增"镀锌钢管给水管DN15"，并设置管径与标高，设置完成后，鼠标点击【点画立管】命令，输入立管标高后，选择按圆心布置，如图2-25所示。

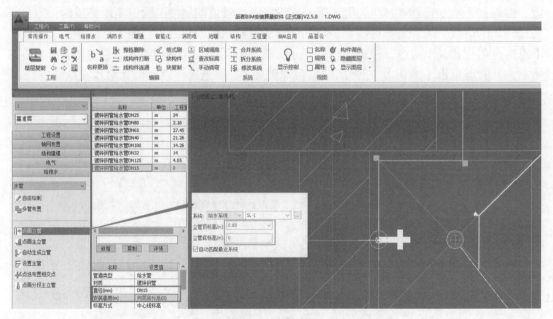

图2-25　立管布置

　　b.水平支管布置。点击中文工具栏【给排水】专业，选择【水管】，点击【自由绘制】命令，按复制粘贴进来的大样图，绘制DN15水平支管，如图2-26所示。

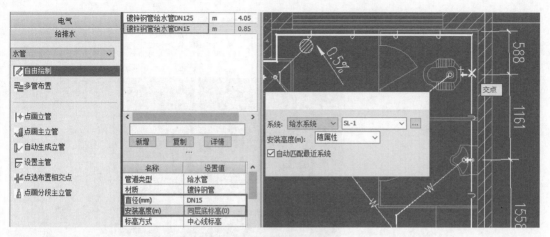

图2-26　水平支管布置

（2）管道配件和管件　以截止阀和水龙头为例，完成配件和卫生器具的布置。点击中文工具栏【给排水】专业，选择【卫生器具】，在构件列表栏新增"水龙头（DN15）"，并设置新增构件属性，设置完成后，单击【点选布置】命令，并设置旋转角度为90°，按立管圆心点击布置完成水龙头的布置，如图2-27所示。

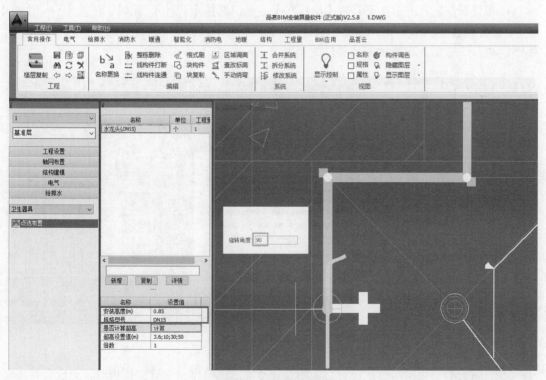

图2-27　卫生器具布置

点击中文工具栏【给排水】专业，选择【配件】，在构件列表栏新增"截止阀DN15"，并设置新增构件属性，设置完成后，单击【点选布置】命令，按立管圆心点击布置完成配件的布置，如图2-28所示。

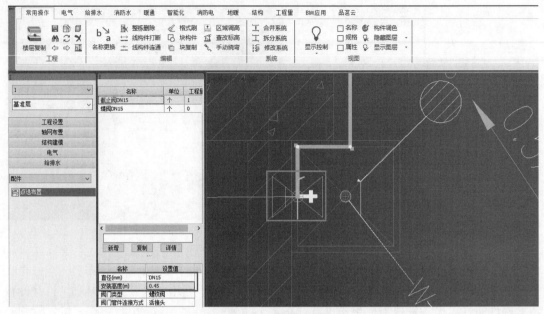

图2-28　管道配件布置

① 布置管件。点击中文工具栏【给排水】专业，选择【管件】，同时，选择【自动生成】命令，根据给排水图纸，在弹出的"管件-自动生成"窗口，将管件的连接方式设置完成后，点击【确定】，如图2-29所示完成管件的布置。

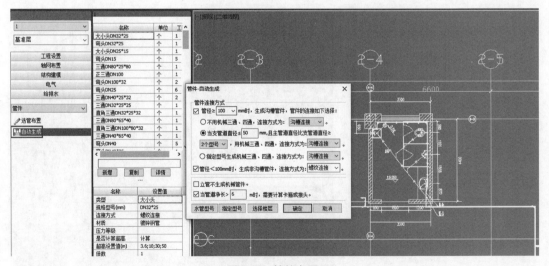

图2-29　管件布置

② 管道套管。根据给排水设计总说明及规范要求，给排水立管穿楼板时，应设套管，安装在楼板内的套管，其顶部应高出装饰地面20mm。以JL-1为例，从给排水系统图（图号S-301-1）可知，JL-1穿越二层楼地面给二层供水，因此，JL-1穿越二层楼板处需安装套管保护。点击中文工具栏【给排水】专业，选择【管道套管】命令，在构件列表栏新增"防水型防

火套管DN125"，并在构件属性栏设置新增构件信息，如新增防水型防火套管DN125（JL-1为DN100，套管采用大一号管径），长度120mm（板厚100mm），安装高度4.160m（套管中心标高），设置完成后，点击【点选布置】命令，根据命令栏提示于JL-1处进行布置。如图2-30所示。

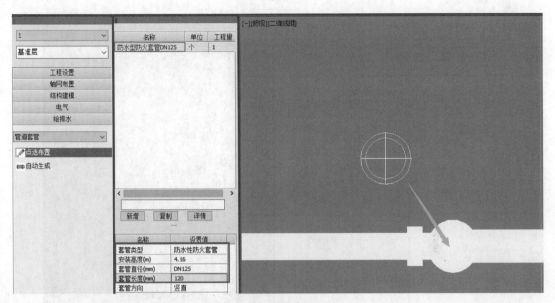

图2-30　管道套管布置

③ 管道支吊架布设。点击中文工具栏【给排水】专业，选择【水管支吊架】，同时，选择【自动生成】命令，根据2#给排水施工图，在弹出的"水管支吊架-自动生成"窗口，将支架的起配距离、水管支架间距及支架类型设置完成后，点击【确定】即可，如图2-31所示。

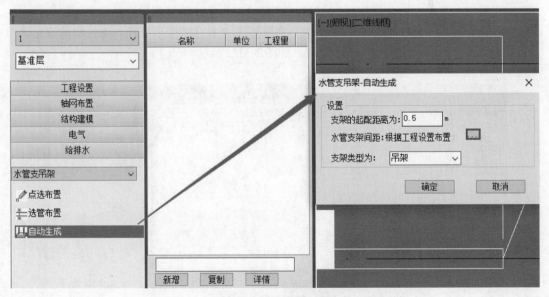

图2-31　管道支吊架布设

（3）生活给水系统套取清单、定额　点击构件列表栏与构件属性栏间的【详情】按钮，如图2-32所示。

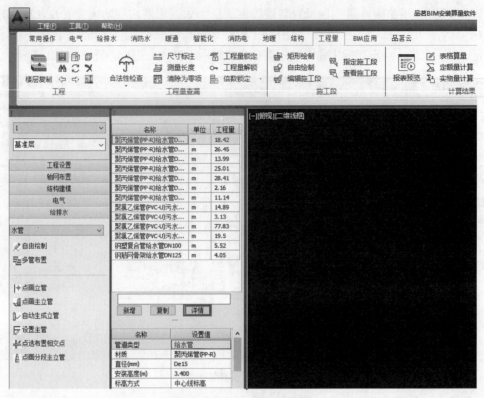

图2-32　清单、定额套取详情

当软件弹出【构件属性定义】对话框时，在左上角的专业选择栏选择"给排水"专业，构件栏选择"水管"，在构件名称栏点击选择"聚丙烯管（PP-R）给水管De15"，同时，在"清单/定额编号"栏，可直接按"2.3给排水工程的工程量计算规则及清单列项"输入相应的清单编号，也可以点击【清单推荐】命令，套取相应清单，给排水配件、支吊架的清单套取方法同水管。定额的套取方法同清单套取。如图2-33所示。

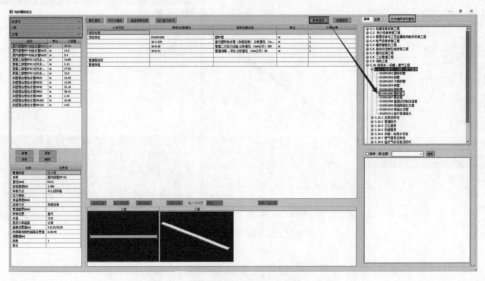

图2-33　生活给水系统套取清单、定额

（4）生活给水系统可视化模型　见图2-34。

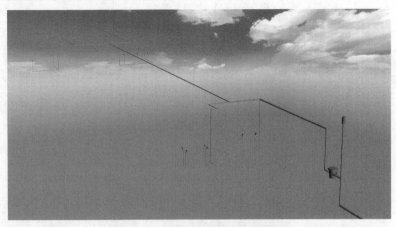

图2-34　生活给水系统可视化模型

2.4.3.3　排水系统建模

（1）水平管、支管、立管　点击菜单栏上的【给排水】专业，选择【提取管道】命令，如图2-35所示，弹出"提取管道"窗口，根据给排水系统图（图号S-30-1）与卫生间给水排水轴测图（图号S-201）等，设置排水管道的管径、立管高度、水平管高度等，设置完成后，点击【提取】，依次提取污水系统一层的水平管、支管、立管，提取完毕并点击【确定】后，弹出"管道属性修改"窗口，如图2-36所示，根据图纸信息对提示框进行校核、修改后，点击【确定】即可。

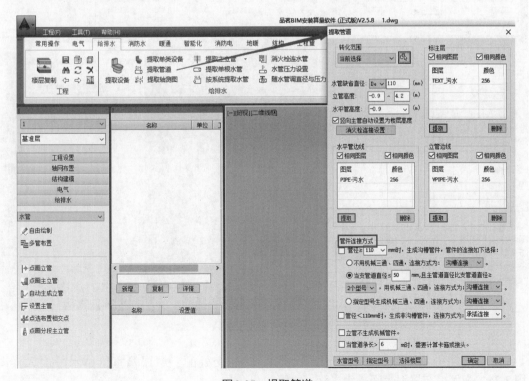

图2-35　提取管道

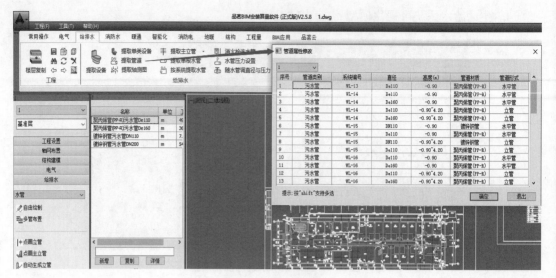

图2-36　管道属性修改

　　根据一层给排水平面图（图2-3、图2-4），得知排出管的管径为De160。点击菜单栏上的
【常用操作】，选择【名称更换】命令，将与污水排出主干管相连的WL-5排水横支管管径改
为De160，如图2-37所示。同时，在构件列表栏中点选该构件，并在构件属性栏修改安装高
度与标高方式，如图2-38所示。

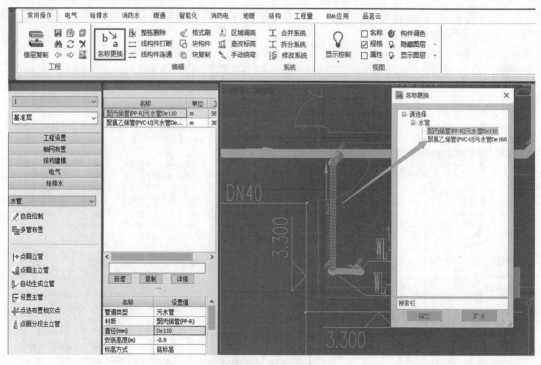

图2-37　名称更换

　　① 卫生间排水支管、立管。以㉔轴与②-D轴相交处的一层尿检室给排水平面大样图
（图2-24）为例，布置卫生间排水支管、立管。

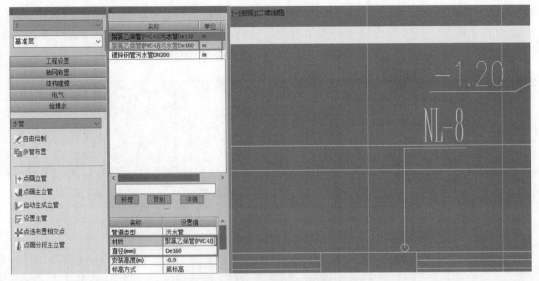

图2-38　一层尿检室给排水平面大样图

② 立管布置。首先，将一层尿检室给排水平面大样图带基点复制并粘贴至一层给排水平面图②-④轴与②-D轴的交点（如果卫生间给水支管布置时，已经将大样图复制并粘贴至平面图，此步骤可略），然后点击中文工具栏【给排水】专业，选择【水管】，在构件列表栏新增"聚氯乙烯管（PVC-U）污水管DN50"构件，并设置管径与标高，设置完成后，鼠标点击【点画立管】命令，输入立管标高后，选择按圆心布置清扫口处立管，如图2-39所示。

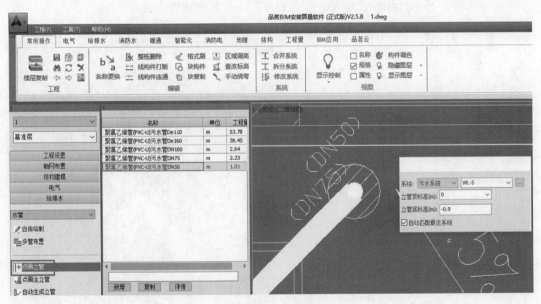

图2-39　立管布置

③ 排水支管布置。点击【自由绘制】命令，按复制粘贴进来的大样图，绘制卫生间排水支管即可。

（2）管道配件和管件

① 管道配件。点击中文工具栏【给排水】专业，选择【设备】，在构件列表栏新增"检

查口（*DN*100）"构件，并在新增的构件属性栏设置规格、安装高度等，设置完成后，选择【点选布置】命令，将"检查口"布置于污水立管WL-2位置处，并设置旋转角度为90°，避免"检查口"与房门冲突，如图2-40所示。其余构件、设备安装方法同。

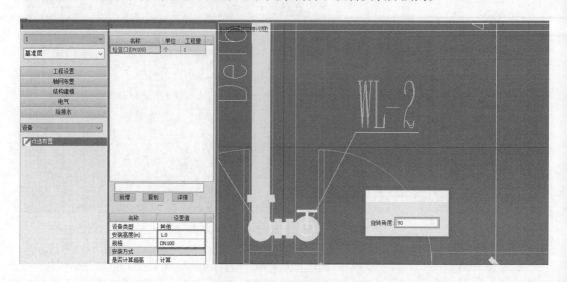

图2-40　检查口点选布置

点击中文工具栏【给排水】专业，选择【卫生器具】，在构件列表栏新增"清扫口"构件，并在新增的构件属性栏设置安装高度、规格型号等，设置完成后，选择【点选布置】命令，将"清扫口"按大样图位置布置，如图2-41所示。其余构件布置方法同。

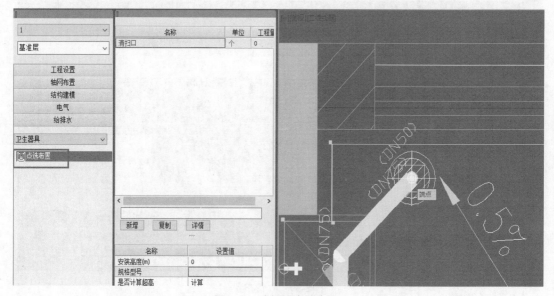

图2-41　清扫口点选布置

② 布置管件。点击中文工具栏【给排水】专业，选择【管件】，同时，选择【自动生成】命令，根据给排水图纸，在弹出的"管件-自动生成"窗口，将管件的连接方式设置完成后，点击【确定】，如图2-42所示完成管件的布置。

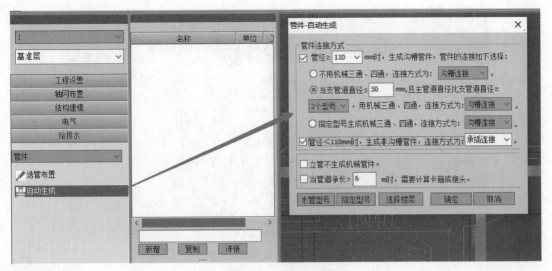

图 2-42　布置管件

③ 管道套管。根据给排水设计总说明与图例（图号 S- 通 -001）及规范要求，给排水立管穿楼板时，应设套管，安装在楼板内的套管，其顶部应高出装饰地面20mm。以WL-2为例，点击中文工具栏【给排水】专业，选择【管道套管】命令，在构件列表栏新增"室内穿楼板塑料套管DN125"构件，并在构件属性栏设置新增构件信息，如套管直径DN125，长度120mm（板厚100mm），安装高度4.160m（套管中心标高），设置完成后，点击【点选布置】命令，根据命令栏提示于WL-1处进行布置。如图2-43所示。

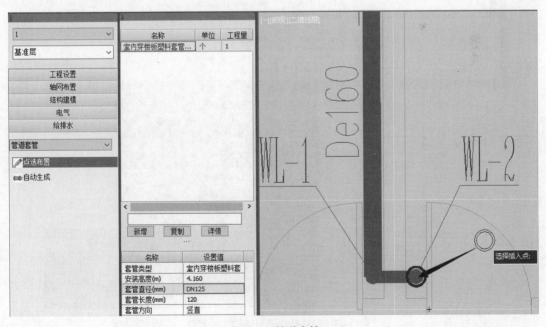

图 2-43　管道套管

（3）排水系统套取清单、定额　同生活给水系统。
（4）排水系统可视化模型　见图2-44。

图2-44 排水系统可视化模型

二维码2.1

2.4.3.4 室内消火栓系统建模

这里以×××派出所2#一层室内消火栓系统为例，学习消火栓系统建模，建模流程：设备→管道→阀门→支架布设→防腐刷油等。

（1）设备 点击中文工具栏【消防水】专业，选择【设备】，在构件列表栏新增消火栓构件，根据消防设计总说明与图例（图号S-通-002）要求，在构件属性栏设置新增的消火栓构件的安装高度、规格及安装方式等，如图2-45所示。

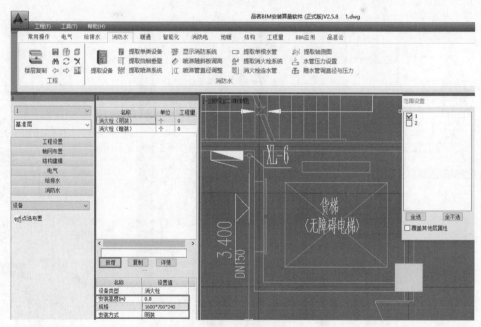

图2-45 设置新增消火栓构件的属性

注：消火栓箱安装高度指箱底距地高度。

点击菜单栏【消防水】专业，选择【提取单类设备】命令，在弹出的"范围设置"窗口选择1层后，按操作界面下方命令栏提示，拾取消火栓箱，右键确认并框选转化范围，即可完成转化消火栓箱。选择【常用操作】菜单栏下的【名称更换】命令，拾取与XL-3、XL-4相连的消火栓箱进行设备名称更换，如图2-46所示。

图2-46　名称更换

（2）管道　点击菜单栏【消防水】专业，选择【提取消火栓系统】命令，如图2-47所示，弹出"提取消火栓系统"窗口，根据消防设计总说明与图例（图号S-通-002）与消火栓给水系统图（图号S-301-1）等，设置消防管道的管径、立管高度、水平管高度等，设置完成后，点击【提取】，依次提取消火栓系统一层的水平管、立管，提取完毕并点击【确定】后，弹出"管道属性修改"窗口，如图2-48所示，根据图纸信息对提示框进行校核、修改后，点击【确定】，软件自动将消火栓箱连接至消防立管。

二维码2.2

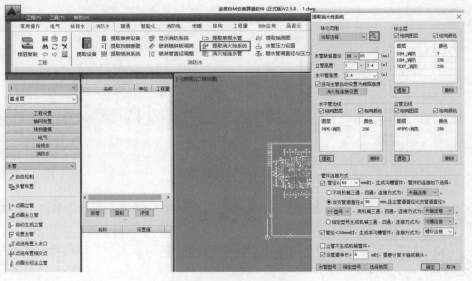

图2-47　提取消火栓系统

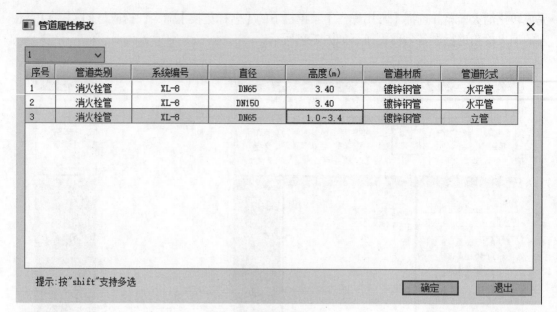

序号	管道类别	系统编号	直径	高度(m)	管道材质	管道形式
1	消火栓管	XL-8	DN65	3.40	镀锌钢管	水平管
2	消火栓管	XL-8	DN150	3.40	镀锌钢管	水平管
3	消火栓管	XL-8	DN65	1.0~3.4	镀锌钢管	立管

图2-48 管道属性修改

二维码2.3

（3）管道套管 以XL-1为例，点击中文工具栏【消防水】专业，选择【管道套管】命令，在构件列表栏新增"刚性防水套管DN125"，并在构件属性栏设置新增构件信息，设置完成后，点击【点选布置】命令，根据命令栏提示于XL-1处进行布置，如图2-49所示。

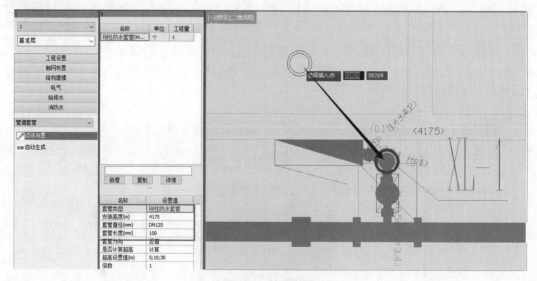

图2-49 管道套管

二维码2.4

（4）阀门 点击中文工具栏【消防水】专业，选择【配件】，在构件列表栏新增"蝶阀DN65"构件，根据消火栓给水系统图（图号S-301-1），在构件属性栏设置新增构件信息。点击菜单栏【消防水】专业，选择【提取单类设备】命令，在弹出的"范围设置"窗口选择1层后，按操作界面下方命令栏提示，拾取阀门，右键确认并框选转化范围，即完成阀门转化。

（5）支架布设　点击中文工具栏【消防水】专业，选择【水管支吊架】，同时选择【自动生成】命令，根据消防设计总说明与图例（图号S-通-002）及国家相关标准，在弹出的"水管支吊架-自动生成"窗口，设置支架的起配距离、支架间距及支架类型，设置完成后，点击【确定】即可，如图2-50所示。

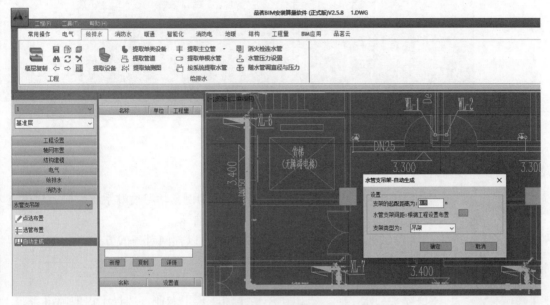

图2-50　支架布设

（6）防腐刷油　对管道、支吊架等进行防腐刷油。点击中文工具栏【工程设置】，并选择【防腐刷油】命令，根据消防设计总说明与图例（图号S-通-002）及国家相关标准，在弹出的"防腐刷油"窗口，选择"消防水系统"，并设置相应管道信息及防腐保温项目，设置完成后，点击【应用到工程】，并选择楼层为1层，点击【确定】即可，如图2-51所示。

二维码2.5

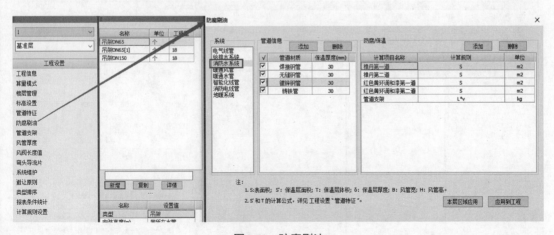

图2-51　防腐刷油

（7）消火栓系统套取清单、定额　同生活给水系统。

（8）消火栓系统可视化模型　见图2-52。

图 2-52　消火栓系统可视化模型

2.4.3.5　喷淋系统建模

二维码 2.6

二维码 2.7

这里以×××派出所 2# 一层喷淋系统为例，学习喷淋系统建模，建模流程：设备→管道→阀门→支架布设→防腐刷油等。

（1）图纸处理　将一层自喷消防平面图以轴网对齐的方式，带基点复制并粘贴至一层。

（2）设备、管道

① 喷头、水平管。点击菜单栏【消防水】专业，选择【提取喷淋系统】命令，如图 2-53 所示，弹出"提取喷淋系统"窗口，根据消防设计总说明与图例（图号 S- 通 -002）与自动喷淋灭火系统原理图（图 2-12）等，设置喷淋管的高度、管道材质、喷头立管高度、喷头类型及管件的连接方式等，设置完成后，点击【提取】，依次提取喷淋系统一层的水平管、喷头，提取完毕并点击【确定】，此时，软件自动弹出"无入水口"的提示框，点击【退出】即可。

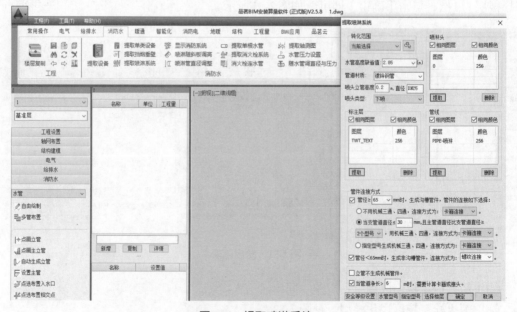

图 2-53　提取喷淋系统

② 立管布置。点击中文工具栏【消防水】专业，选择【水管】，在构件列表栏新增 HL-1、HL-2构件，并依次在构件属性栏设置新增的构件信息，设置完成后，如图2-54所示，选择【点画立管】命令，根据构件在图纸上的位置，依次布置HL-1、HL-2。

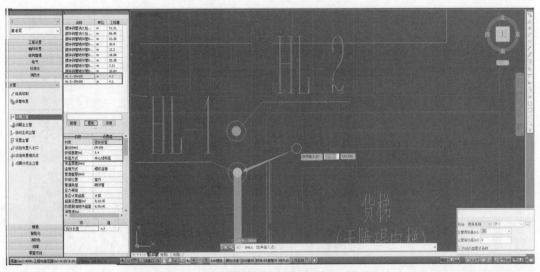

图2-54　立管布置

（3）报警装置、管道附件　点击中文工具栏【消防水】专业，选择【配件】，在构件列表栏新增"信号闸阀DN125""水流指示器DN125"构件，并依次在构件属性栏设置新增的构件信息，设置完成后，如图2-55所示，选择【点选布置】命令，根据构件在图纸上的位置，依次布置信号闸阀和水流指示器。

二维码2.8

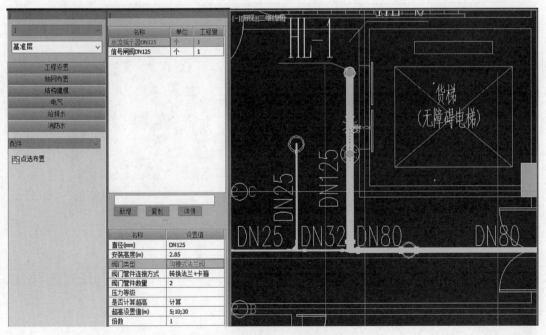

图2-55　报警装置、管道附件布置

（4）管件　点击中文工具栏【消防水】专业，选择【管件】，同时，选择【自动生成】命令，根据2#给排水施工图，在弹出的"管件-自动生成"窗口，将管件的连接方式设置完成后，点击【确定】，如图2-56所示，完成管件的布置。

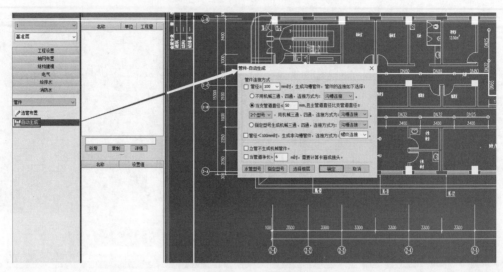

图2-56　管件布置

（5）管道套管　同消火栓系统。
（6）防腐刷油　同消火栓系统。
（7）消火栓系统套取清单、定额　同生活给水系统。
（8）喷淋系统可视化模型　见图2-57。

二维码2.9　　二维码2.10　　二维码2.11

图2-57　喷淋系统可视化模型

实训任务

1. ×××派出所1#给排水施工图识图。
2. ×××派出所1#给排水系统清单列项。
3. ×××派出所1#给排水系统建模。

第3章 通风空调工程

 学习任务

- 熟悉通风与空调系统的分类及通风与空调系统的组成。
- 掌握通风空调工程的识图。
- 熟悉通风空调工程的工程量计算规则；掌握通风空调工程的清单列项。
- 掌握BIM安装算量——通风及排烟系统建模。

3.1 通风空调工程的基础知识

3.1.1 通风与空调系统的分类

3.1.1.1 通风系统的分类

（1）通风系统按空气流动动力不同分为自然通风和机械通风方式。

（2）机械通风按通风系统的作用范围分为局部通风和全面通风。

（3）通风系统按功能、性质可分为一般（换气）通风、工业通风、事故通风、消防通风和人防通风等。

如图3-1～图3-7所示。

3.1.1.2 空调系统的分类

（1）空调系统按空气处理设备的设置分为：集中式、半集中式、全分散式系统。集中式、半集中式例如风机盘管与新风系统、多联机与新风系统、诱导器系统等。全分散式系统是指每个房间的空气处理分别由各自的整体式（或分体式）空调承担，如：单元式空调、多联机系统等。如图3-8～图3-10所示。

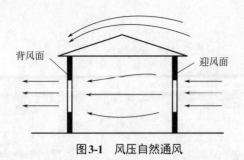

图3-1 风压自然通风

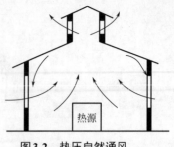

图3-2 热压自然通风

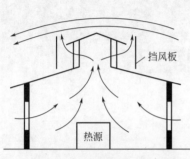

图3-3 风压热压联合自然通风

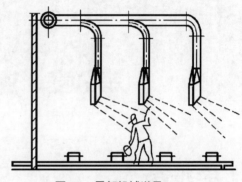

图3-4 局部机械送风

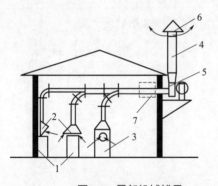

图3-5 局部机械排风

1—工艺设备；2—排风罩；3—排风柜；4—风道；
5—风机；6—排风帽；7—排风处理器

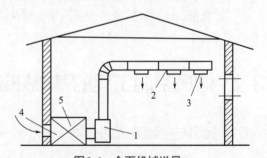

图3-6 全面机械送风

1—通风机；2—风管；3—送风口；
4—采风口；5—空气处理箱

图3-7 全面机械排风

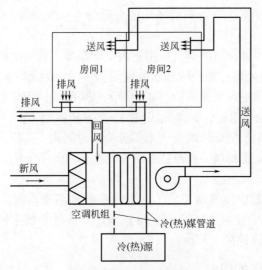

图3-8 集中式空调系统

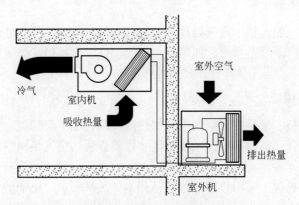

图3-9 分体式空调系统

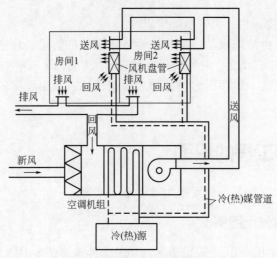

图3-10 半集中式空调系统

（2）空调系统按承担室内空调负荷所用的介质分为：全空气、空气-水、全水、制冷剂系统。

全空气系统是全部由处理过的空气负担室内空调负荷，如一次回风系统和一、二次回风系统等。空气-水系统由处理过的空气和水共同负担室内空调负荷，如新风+风机盘管系统。全水系统是全部由水负担室内空调负荷，如无新风送风的风机盘管系统。制冷剂系统是蒸发器放在室内，直接吸收余热余湿，如单元式空调、多联机系统等。

（3）空调系统按集中系统处理的空气来源分为：封闭式、直流式和混合式系统。封闭式系统全部为再循环空气，无新风；直流式系统全部为新风，不使用回风；混合式系统为部分新风，部分回风。

（4）空调系统按风管中空气流速分为：低速系统和高速系统。低速系统：民用建筑主风管风速低于10m/s，工业建筑主风管风速低于15m/s。高速系统：民用建筑主风管风速高于10m/s，工业建筑主风管风速高于15m/s。

3.1.2　通风与空调系统的组成

3.1.2.1　通风系统的组成

通风系统的组成一般包括：进气处理设备，如空气过滤器、热湿处理设备和空气净化设备等；送风机或排风机；风道系统，如风管、阀门部件、送风口、排风口、排气罩等；排气处理设备，如除尘器、有害物体净化设备、风帽等。

3.1.2.2　空调系统的组成

（1）空调处理设备：是具有对空气进行加热或冷却、加湿或除湿、空气净化处理等功能的设备。主要包括组合式空调机组、新风机组、风机盘管、空气热回收装置、变风量末端装置、单元式空调机等。

（2）空调冷源及热源：常用热源一般包括热水、蒸汽锅炉、电锅炉、热泵机组、电加热器串联等。目前常用的冷源设备包括电动压缩式和溴化锂吸收式制冷机组两大类。

（3）空调冷热源的附属设备：包括冷却塔、水泵、换热装置、蓄热蓄冷装置、软化水装置、集分水器、净化装置、过滤装置、定压稳压装置等。

（4）空调风系统：由风机、风管系统组成。

（5）空调水系统：由冷冻水、冷凝水、冷却水系统的管道、软连接、各类阀部件（阀门、电动阀门、安全阀、过滤器、补偿器等）、仪器仪表等组成。

（6）控制、调节装置：包括压力传感器、温度传感器、温湿度传感器、空气质量传感器、流量传感器、执行器等。

3.2　通风空调工程的识图

下面以×××派出所2#暖通施工图为案例进行识图。

3.2.1　通风空调工程常用图例

通风空调工程施工图中的风机、风道、阀门及附件等都是用图例代号表示的，下面将新建、改建、扩建工程各阶段常用的图例及代号列于表3-1、表3-2中。

表 3-1 常用图例

序号	名称	图例	序号	名称	图例
1	风机		13	防火调节阀（常开，70℃关闭）	
2	轴流风机		14	防火调节阀（常开，150℃关闭）	
3	轴(混)流式管道风机		15	排烟防火阀（常开，280℃关闭）	
4	离心式管道风机		16	防火调节阀（常开，280℃关闭,输出电信号）	
5	射流诱导风机		17	手动对开多叶调节阀	
6	气流方向		18	风管软接头	
7	吊顶式换气扇		19	全自动防火阀（常开，电信号或70℃关闭，电信号重新打开，输出电信号）	
8	侧送风口		20	全自动排烟防火阀（常开，电信号或280℃关闭，电信号重新打开，输出电信号）	
9	侧排(回)风口		21	风管止回阀（铝制叶片）	
10	单层百叶风口		22	防火风管（耐火极限不低于所穿防火分隔体的耐火极限）	
11	多叶送风口（常闭，电动和手动开启，输出开启信号，手动复位关闭）	DYS DYS	23	防烟分区线	
12	多叶排风口（常闭，电动和手动开启,输出开启信号）	DYP DYP	24	微穿孔板消声器（长度L）	

表 3-2　风道、风口常用代号

序号	名称	代号	序号	名称	代号
1	送风管	SF	10	百叶回风口	H
2	回风管	HF	11	旋流风口	SD
3	排风管	PF	12	自垂百叶	CB
4	新风管	XF	13	防结露送风口	N
5	消防排烟风管	PY	14	低温送风口	T
6	加压送风管	ZY	15	防雨百叶	w
7	排风排烟兼用风管	P（Y）	16	带风口风箱	B
8	消防补风管	XB	17	带风阀	D
9	送风兼消防补风风管	S（B）	18	带过滤网	F

3.2.2　通风空调工程识图

根据表3-1的图例，可以从图3-11×××派出所2#一层尿检室通风布置图看出，该平面图中的尿检室设置了吊顶式换气扇2台，利用尺寸为400mm×160mm的矩形风管引到室外。引到室外的风管配置了截面为400mm×160mm防雨百叶风口。

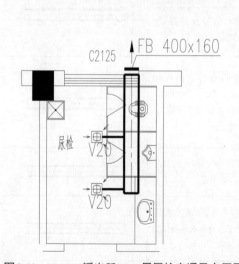

图3-11　×××派出所2#一层尿检室通风布置图　　图3-12　×××派出所2#二层卫生间通风平面布置图

根据表3-1、表3-2的图例，可以从图3-12×××派出所2#二层卫生间通风平面布置图看出，该平面图中的女卫生间及男卫生间均设置了3台吊顶式换气扇，利用尺寸为630mm×200mm的矩形风管引到室外。引到室外的风管配置了截面为600mm×200mm防雨百叶风口。

根据表3-1、表3-2的图例，可以从图3-13×××派出所2#一层排烟机房通风平面布置图看出，该平面图中设置了高效混流式机械排烟风机一台，编号为PY-1-1，型号为XGF-No.8A，风机入口接入尺寸为1000mm×250mm的镀锌薄钢板矩形风管及一个防火调节阀（常开，280℃关闭，输出电信号），风管配置了3个带调节阀的尺寸为800mm×300mm的单层百叶风口。风机出口接入尺寸为1000mm×800mm的矩形风管引到室外。等候室设置了吸顶式换气扇一台，利用尺寸为200mm×160mm的矩形风管引到室外，在穿过排烟机房的风管上设置了一个防火调节阀（常开，70℃关闭）。引到室外的风管分别配置了尺寸为1000mm×800mm和200mm×160mm的防雨百叶风口。

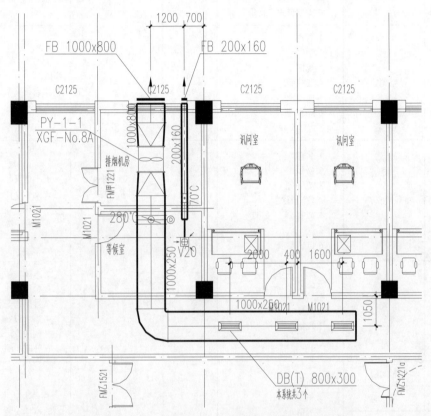

图3-13　×××派出所2#一层排烟机房通风平面布置图

3.3　通风空调工程的工程量计算规则及清单列项

本节以《通用安装工程工程量计算规范》（GB 50856—2013）（以下简称"2013国标清单规范"）附录G通风空调工程、附录M刷油、防腐蚀、绝热工程及附录A.8风机安装为依据，学习通风空调工程、刷油、防腐蚀、绝热工程的计量规则及清单列项。其中，通风空调工程适用于通风（空调）设备及部件、通风管道及部件的制作安装工程；刷油、防腐蚀、绝热工程适用于新建、扩建项目中的设备、管道、金属结构等的刷油、防腐蚀、绝热工程。

3.3.1　通风空调工程的工程量计算规则

通风及空调设备及部件制作安装工程量清单项目设置、项目特征描述的内容、计量单位及工程量计算规则，应按表3-3的规定执行。

表 3-3　通风及空调设备及部件制作安装（编码 030701）

项目编码	项目名称	项目特征	计量单位	工程量计算规则	工作内容
030701001	空气加热器（冷却器）	1.名称 2.型号 3.规格 4.质量 5.安装形式 6.支架形式、材质	台	按设计图示数量计算	1.本体安装、调试 2.设备支架制作、安装 3.补刷（喷）油漆
030701002	除尘设备				
030701003	空调器	1.名称 2.型号 3.规格 4.安装形式 5.质量 6.隔振垫（器）、支架形式、材质	台（组）		1.本体安装或组装、调试 2.设备支架制作、安装 3.补刷（喷）油漆
030701004	风机盘管	1.名称 2.型号 3.规格 4.安装形式 5.减振器、支架形式、材质 6.试压要求	台		1.本体安装、调试 2.支架制作、安装 3.试压 4.补刷（喷）油漆
030701005	表冷器	1.名称 2.型号 3.规格			1.本体安装 2.型钢制作、安装 3.过滤器安装 4.挡水板安装 5.调试及运转 6.补刷（喷）油漆
030701006	密闭门	1.名称 2.型号 3.规格 4.形式 5.支架形式、材质	个		1.本体制作 2.本体安装 3.支架制作、安装
030701007	挡水板				
030701008	滤水器、溢水盘				
030701009	金属壳体				
030701010	过滤器	1.名称 2.型号 3.规格 4.类型 5.框架形式、材质	1.台 2.m²	1.以台计量，按设计图示数量计算 2.以面积计量，按设计图示尺寸，以过滤面积计算	1.本体安装 2.框架制作、安装 3.补刷（喷）油漆
030701011	净化工作台	1.名称 2.型号 3.规格 4.类型	台	按设计图示数量计算	1.本体安装 2.补刷（喷）油漆
030701012	风淋室	1.名称 2.型号 3.规格 4.类型 5.质量			
030701013	洁净室				

项目编码	项目名称	项目特征	计量单位	工程量计算规则	工作内容
030701014	除湿机	1.名称 2.型号 3.规格 4.类型	台	按设计图示数量计算	本体安装
030701015	人防过滤吸收器	1.名称 2.规格 3.形式 4.材质 5.支架形式、材质			1.过滤吸收器安装 2.支架制作、安装

注：通风空调设备安装的地脚螺栓按设备自带考虑。

通风管道制作安装工程量清单项目设置、项目特征描述的内容、计量单位及工程量计算规则，应按表3-4的规定执行。

表3-4　通风管道制作安装（编码030702）

项目编码	项目名称	项目特征	计量单位	工程量计算规则	工作内容
030702001	碳钢通风管道	1.名称 2.材质 3.形状 4.规格 5.板材厚度 6.管件、法兰等附件及支架设计要求 7.接口形式	m²	按设计图示内径尺寸，以展开面积计算	1.风管、管件、法兰、零件、支吊架制作、安装 2.过跨风管落地支架制作、安装
030702002	净化通风管道				
030702003	不锈钢板通风管道	1.名称 2.形状 3.规格 4.板材厚度 5.管件、法兰等附件及支架设计要求 6.接口形式			
030702004	铝板通风管道				
030702005	塑料通风管道				
030702006	玻璃钢通风管道	1.名称 2.形状 3.规格 4.板材厚度 5.支架形式、材质 6.接口形式		按设计图示外径尺寸，以展开面积计算	1.风管、管件安装 2.支吊架制作、安装 3.过跨风管落地支架制作、安装
030702007	复合型风管	1.名称 2.材质 3.形状 4.规格 5.板材厚度 6.接口形式 7.支架形式、材质	m²	按设计图示外径尺寸，以展开面积计算	1.风管、管件安装 2.支吊架制作、安装 3.过跨风管落地支架制作、安装

项目编码	项目名称	项目特征	计量单位	工程量计算规则	工作内容
030702008	柔性软风管	1.名称 2.材质 3.规格 4.风管接头、支架形式、材质	1. m 2. 节	1.以"m"计量，按设计图示中心线，以长度计算 2.以节计量，按设计图示数量计算	1.风管安装 2.风管接头安装 3.支吊架制作、安装
030702009	弯头导流叶片	1.名称 2.材质 3.规格 4.形式	1. m² 2. 组	1.以面积计量，按设计图示，以展开面积平方米计算 2.以组计量，按设计图示数量计算	1.制作 2.组装
030702010	风管检查孔	1.名称 2.材质 3.规格	1. kg 2. 个	1.以"kg"计量，按风管检查孔质量计算 2.以"个"计量，按设计图示数量计算	1.制作 2.安装
030702011	温度、风量测定孔	1.名称 2.材质 3.规格 4.设计要求	个	按设计图示数量计算	

注：1.风管展开面积，不扣除检查孔、测定孔、送风口、吸风口等所占面积；风管长度一律以设计图示中心线长度为准（主管与支管以其中心线交点划分），包括弯头、三通、变径管、天圆地方等管件的长度，但不包括部件所占的长度。风管展开面积不包括风管、管口重叠部分面积。风管渐缩管：圆形风管按平均直径；矩形风管按平均周长。

2.穿墙套管按展开面积计算，计入通风管道工程量中。

3.通风管道的法兰垫料或封口材料，按图纸要求应在项目特征中描述。

4.净化通风管的空气洁净度按100000级标准编制，净化通风管使用的型钢材料如要求镀锌时，工作内容应注明支架镀锌。

5.弯头导流叶片数量，按设计图纸或规范要求计算。

6.风管检查孔、温度测定孔、风量测定孔数量，按设计图纸或规范要求计算。

通风管道部件制作安装工程量清单项目设置、项目特征描述的内容、计量单位及工程量计算规则，应按表3-5的规定执行。

表3-5　通风管道部件制作安装（编码030703）

项目编码	项目名称	项目特征	计量单位	工程量计算规则	工作内容
030703001	碳钢阀门	1.名称 2.型号 3.规格 4.质量 5.类型 6.支架形式、材质	个	按设计图示数量计算	1.阀体制作 2.阀体安装 3.支架制作、安装

项目编码	项目名称	项目特征	计量单位	工程量计算规则	工作内容
030703002	柔性软风管阀门	1.名称 2.规格 3.材质 4.类型	个	按设计图示数量计算	阀体安装
030703003	铝蝶阀	1.名称 2.规格 3.质量 4.类型			阀体安装
030703004	不锈钢蝶阀				
030703005	塑料阀门	1.名称 2.型号 3.规格 4.类型			
030703006	玻璃钢蝶阀				
030703007	碳钢风口、散流器、百叶窗	1.名称 2.型号 3.规格 4.质量 5.类型 6.形式			1.风口制作、安装 2.散流器制作、安装 3.百叶窗安装
030703008	不锈钢风口、散流器、百叶窗	1.名称 2.型号 3.规格 4.质量 5.类型 6.形式			
030703009	塑料风口、散流器、百叶窗				
030703010	玻璃钢风口	1.名称 2.型号 3.规格 4.类型 5.形式			风口安装
030703011	铝及铝合金风口、散流器				1.风口制作、安装 2.散流器制作、安装
030703012	碳钢风帽	1.名称 2.规格 3.质量 4.类型 5.形式 6.风帽筝绳、泛水设计要求			1.风帽制作、安装 2.筒形风帽滴水盘制作、安装 3.风帽筝绳制作、安装 4.风帽泛水制作、安装
030703013	不锈钢风帽	1.名称 2.规格 3.质量 4.类型 5.形式 6.风帽筝绳、泛水设计要求	个	按设计图示数量计算	1.风帽制作、安装 2.筒形风帽滴水盘制作、安装 3.风帽筝绳制作、安装 4.风帽泛水制作、安装
030703014	塑料风帽				

项目编码	项目名称	项目特征	计量单位	工程量计算规则	工作内容
030703015	铝板伞形风帽	1.名称 2.规格 3.质量 4.类型 5.形式 6.风帽筝绳、泛水设计要求	个	按设计图示数量计算	1.铝板伞形风帽制作、安装 2.风帽筝绳制作、安装 3.风帽泛水制作、安装
030703016	玻璃钢风帽				1.玻璃钢风帽安装 2.筒形风帽滴水盘安装 3.风帽筝绳安装 4.风帽泛水安装
030703017	碳钢罩类	1.名称 2.型号 3.规格 4.质量 5.类型 6.形式			1.罩类制作 2.罩类安装
030703018	塑料罩类				
030703019	柔性接口	1.名称 2.规格 3.材质 4.类型 5.形式	m²	按设计图示尺寸，以展开面积计算	1.柔性接口制作 2.柔性接口安装
030703020	消声器	1.名称 2.规格 3.材质 4.形式 5.质量 6.支架形式、材质	个	按设计图示数量计算	1.消声器制作 2.消声器安装 3.支架制作、安装
030703021	静压箱	1.名称 2.规格 3.形式 4.材质 5.支架形式、材质	1.个 2.m²	1.以"个"计量，按设计图示数量计算 2.以"m²"计量，按设计图示尺寸，以展开面积计算	1.静压箱制作、安装 2.支架制作、安装
030703022	人防超压自动排气阀	1.名称 2.型号 3.规格 4.类型	个	按设计图示数量计算	安装
030703023	人防手动密闭阀	1.名称 2.型号 3.规格 4.支架形式、材质			1.密闭阀安装 2.支架制作、安装

项目编码	项目名称	项目特征	计量单位	工程量计算规则	工作内容
030703024	人防其他部件	1.名称 2.型号 3.规格 4.类型	个（套）	按设计图示数量计算	安装

注：1.碳钢阀门包括：空气加热器上通阀、空气加热器旁通阀、圆形瓣式启动阀、风管蝶阀、风管止回阀、密闭式斜插板阀、矩形风管三通调节阀、对开多叶调节阀、风管防火阀、各型风罩调节阀等。

2.塑料阀门包括：塑料蝶阀、塑料插板阀、各型风罩塑料调节阀。

3.碳钢风口、散流器、百叶窗包括：百叶风口、矩形送风口、矩形空气分布器、风管插板风口、旋转吹风口、圆形散流器、方形散流器、流线型散流器、送风口、吸风口、活动篦式风口、网式风口、钢百叶窗等。

4.碳钢罩类包括：皮带防护罩、电动机防雨罩、侧吸罩、中小型零件焊接台排气罩、整体分组式槽边侧吸罩、吹吸式槽边通风罩、条缝槽边抽风罩、泥心烘炉排气罩、升降式回转排气罩、上下吸式圆形回转罩、升降式排气罩、手锻炉排气罩。

5.塑料罩类包括：塑料槽边侧吸罩、塑料槽边风罩、塑料条缝槽边抽风罩。

6.柔性接口包括：金属、非金属软接口及伸缩节。

7.消声器包括：片式消声器、矿棉管式消声器、聚酯泡沫管式消声器、卡普隆纤维管式消声器、弧形声流式消声器、阻抗复合式消声器、微穿孔板消声器、消声弯头。

8.通风部件，如图纸要求制作安装或用成品部件只安装不制作，这类特征在项目特征中应明确描述。

9.静压箱的面积计算：按设计图示尺寸，以展开面积计算，不扣除开口的面积。

通风工程检测、调试工程量清单项目设置、项目特征描述的内容、计量单位及工程量计算规则，应按表3-6的规定执行。

表3-6　通风工程检测、调试（编码030704）

项目编码	项目名称	项目特征	计量单位	工程量计算规则	工作内容
030704001	通风工程检测、调试	风管工程量	系统	按通风系统计算	1.通风管道风量测定 2.风压测定 3.温度测定 4.各系统风口、阀门调整
030704002	风管漏光试验、漏风试验	漏光试验、漏风试验、设计要求	m²	按设计图纸或规范要求，以展开面积计算	通风管道漏光试验、漏风试验

（1）通风空调工程适用于通风（空调）设备及部件、通风管道及部件的制作安装工程。

（2）冷冻机组站内的设备安装、通风机安装及人防两用通风机安装，应按2013国标清单规范附录A机械设备安装工程相关项目编码列项。

（3）冷冻机组站内的管道安装，应按2013国标清单规范附录H工业管道工程相关项目编码列项。

（4）冷冻站外墙皮以外通往通风空调设备的供热、供冷、供水等管道，应按2013国标清单规范附录K给排水、采暖、燃气工程相关项目编码列项。

（5）设备和支架的除锈、刷漆、保温及保护层安装，应按2013国标清单规范附录M刷油、防腐蚀、绝热工程相关项目编码列项。

3.3.2 风机安装的工程量计算规则

风机安装工程量清单项目设置、项目特征描述的内容、计量单位及工程量计算规则，应按表3-7的规定执行。

表 3-7　风机安装（编码 030108）

项目编码	项目名称	项目特征	计量单位	工程量计算规则	工作内容
030108001	离心式通风机	1.名称 2.型号 3.规格 4.质量 5.材质 6.减振底座形式、数量 7.灌浆配合比 8.单机试运转要求	台	按设计图示数量计算	1.本体安装 2.拆装检查 3.减振台座制作、安装 4.二次灌浆 5.单机试运转 6.补刷（喷）油漆
030108002	离心式引风机				
030108003	轴流通风机				
030108004	回转式鼓风机				
030108005	离心式鼓风机				
030108006	其他风机				

注：1.直联式风机的质量包括本体及电动机、底座的总质量。

2.风机支架应按2013国标清单规范附录C静置设备与工艺金属结构制作安装工程相关项目编码列项。

3.3.3 刷油、防腐蚀、绝热工程的工程量计算规则

刷油工程工程量清单项目设置、项目特征描述的内容、计量单位及工程量计算规则，应按表3-8的规定执行。

表 3-8　刷油工程（编码 031201）

项目编码	项目名称	项目特征	计量单位	工程量计算规则	工作内容
031201001	管道刷油	1.除锈级别 2.油漆品种 3.涂刷遍数、漆膜厚度 4.标志色方式、品种	1.m² 2.m	1.以"m²"计量，按设计图示表面积尺寸，以面积计算 2.以"m"计量，按设计图示尺寸，以长度计算	1.除锈 2.调配、涂刷
031201002	设备与矩形管道刷油				
031201003	金属结构刷油	1.除锈级别 2.油漆品种 3.结构类型 4.涂刷遍数、漆膜厚度	1.m² 2.kg	1.以"m²"计量，按设计图示表面积尺寸，以面积计算 2.以"kg"计量，按金属结构的理论质量计算	
031201004	铸铁管、暖气片刷油	1.除锈级别 2.油漆品种 3.涂刷遍数、漆膜厚度	1.m² 2.m	1.以"m²"计量，按设计图示表面积尺寸，以面积计算 2.以"m"计量，按设计图示尺寸，以长度计算	

项目编码	项目名称	项目特征	计量单位	工程量计算规则	工作内容
031201005	灰面刷油	1.油漆品种 2.涂刷遍数、漆膜厚度 3.涂刷部位			调配、涂刷
031201006	布面刷油	1.布面品种 2.油漆品种 3.涂刷遍数、漆膜厚度 4.涂刷部位			
031201007	气柜刷油	1.除锈级别 2.油漆品种 3.涂刷遍数、漆膜厚度 4.涂刷部位	m²	按设计图示表面积计算	1.除锈 2.调配、涂刷
031201008	玛琋酯面刷油	1.除锈级别 2.油漆品种 3.涂刷遍数、漆膜厚度			调配、涂刷
031201009	喷漆	1.除锈级别 2.油漆品种 3.喷涂遍数、漆膜厚度 4.喷涂部位			1.除锈 2.调配、喷涂

注：1.管道刷油以"m"计算，按图示中心线以延长米计算，不扣除附属构筑物、管件及阀门等所占长度。
2.涂刷部位：指涂刷表面的部位，如设备、管道等部位。
3.结构类型：指涂刷金属结构的类型，如一般钢结构、管廊钢结构、H型钢钢结构等类型。
4.设备筒体、管道表面积：$S=\pi DL$，π为圆周率，D为直径，L为设备筒体高或管道延长米。
5.设备筒体、管道表面积包括管件、阀门、法兰、人孔、管口凹凸部分。
6.带封头的设备面积：$S=L\pi D+(D^2/2)\pi KN$，K为1.05，N为封头个数。

防腐蚀涂料工程工程量清单项目设置、项目特征描述的内容、计量单位及工程量计算规则，应按表3-9的规定执行。

表3-9　防腐蚀涂料工程（编码031202）

项目编码	项目名称	项目特征	计量单位	工程量计算规则	工作内容
031202001	设备防腐蚀		m²	按设计图示表面积计算	
031202002	管道防腐蚀	1.除锈级别 2.涂刷（喷）品种 3.分层内容 4.涂刷（喷）遍数、漆膜厚度	1.m² 2.m	1.以"m²"计量，按设计图示表面积尺寸，以面积计算 2.以"m"计量，按设计图示尺寸，以长度计算	1.除锈 2.调配、涂刷（喷）
031202003	一般钢结构防腐蚀		kg	按一般钢结构的理论质量计算	
031202004	管廊钢结构防腐蚀			按管廊钢结构的理论质量计算	

项目编码	项目名称	项目特征	计量单位	工程量计算规则	工作内容
031202005	防火涂料	1.除锈级别 2.涂刷（喷）品种 3.涂刷（喷）遍数、漆膜厚度 4.耐火极限（h） 5.耐火厚度（mm）	m²	按设计图示表面积计算	1.除锈 2.调配、涂刷（喷）
031202006	H形钢制钢结构防腐蚀	1.除锈级别 2.涂刷（喷）品种 3.分层内容 4.涂刷（喷）遍数、漆膜厚度			
031202007	金属油罐内壁防静电				
031202008	埋地管道防腐蚀	1.除锈级别 2.刷、缠品种 3.分层内容 4.刷、缠遍数	1.m² 2.m	1.以"m²"计量，按设计图示表面积尺寸，以面积计算 2.以"m"计量，按设计图示尺寸，以长度计算	1.除锈 2.刷油 3.防腐蚀 4.缠保护层
031202009	环氧煤沥青防腐蚀				1.除锈 2.涂刷、缠玻璃布
0312020010	涂料聚合一次	1.聚合类型 2.聚合部位	m²	按设计图示表面积计算	聚合

注：1.分层内容：指应注明每一层的内容，如底漆、中间漆、面漆及玻璃丝布等内容。

2.如设计要求热固化，需注明。

3.设备筒体、管道表面积：$S=\pi DL$，π为圆周率，D为直径，L为设备筒体高或管道延长米。

4.阀门表面积：$S=\pi D\times 2.5DKN$，K为1.05，N为阀门个数。

5.弯头表面积：$S=\pi D\times 1.5D\times 2\pi N/B$，N为弯头个数，B值取定：90°弯头，$B=4$；45°弯头，$B=8$。

6.法兰表面积：$S=\pi D\times 1.5DKN$，K为1.05，N为法兰个数。

7.设备、管道法兰翻边面积：$S=\pi(D+A)A$，A为法兰翻边宽。

8.带封头的设备面积：$S=L\pi D+(D^2/2)\pi KN$，K为1.5，N为封头个数。

9.计算设备、管道内壁防腐蚀工程量，当壁厚大于10mm时，按其内径计算；当壁厚小于10mm时，按其外径计算。

手工糊衬玻璃钢工程工程量清单项目设置、项目特征描述的内容、计量单位及工程量计算规则，应按表3-10的规定执行。

表3-10　手工糊衬玻璃钢工程（编码031203）

项目编码	项目名称	项目特征	计量单位	工程量计算规则	工作内容
031203001	碳钢设备糊衬	1.除锈级别 2.糊衬玻璃钢品种 3.分层内容 4.糊衬玻璃钢遍数	m²	按设计图示表面积计算	1.除锈 2.糊衬
031203002	塑料管道增强糊衬	1.糊衬玻璃钢品种 2.分层内容 3.糊衬玻璃钢遍数			糊衬
031203003	各种玻璃钢聚合	聚合次数			聚合

注：1.如设计对胶液配合比、材料品种有特殊要求，需说明。

2.遍数指底漆、面漆、涂刮腻子、缠布层数。

橡胶板及塑料板衬里工程工程量清单项目设置、项目特征描述的内容、计量单位及工程量计算规则，应按表3-11的规定执行。

表3-11　橡胶板及塑料板衬里工程（编码 031204）

项目编码	项目名称	项目特征	计量单位	工程量计算规则	工作内容
031204001	塔、槽类设备衬里	1.除锈级别 2.衬里品种 3.衬里层数 4.设备直径	m²	按图示表面积计算	1.除锈 2.刷浆贴衬、硫化、硬度检查
031204002	锥形设备衬里				
031204003	多孔板衬里	1.除锈级别 2.衬里品种 3.衬里层数			
031204004	管道衬里	1.除锈级别 2.衬里品种 3.衬里层数 4.管道规格			
031204005	阀门衬里	1.除锈级别 2.衬里品种 3.衬里层数 4.阀门规格			
031204006	管件衬里	1.除锈级别 2.衬里品种 3.衬里层数 4.名称、规格			
031204007	金属表面衬里	1.除锈级别 2.衬里品种 3.衬里层数			1.除锈 2.刷浆贴衬

注：1.热硫化橡胶板，如设计要求采取特殊硫化处理，需注明。
　　2.塑料板搭接，如设计要求采取焊接，需注明。
　　3.带有超过总面积15%衬里零件的贮槽、塔类设备，需说明。

衬铅及搪铅工程工程量清单项目设置、项目特征描述的内容、计量单位及工程量计算规则，应按表3-12的规定执行。

表3-12　衬铅及搪铅工程（编码 031205）

项目编码	项目名称	项目特征	计量单位	工程量计算规则	工作内容
031205001	设备衬铅	1.除锈级别 2.衬铅方法 3.铅板厚度	m²	按图示表面积计算	1.除锈 2.衬铅
031205002	型钢及支架包铅	1.除锈级别 2.铅板厚度			1.除锈 2.包铅
031205003	设备封头、底搪铅	1.除锈级别 2.搪层厚度			1.除锈 2.焊铅
031205004	搅拌叶轮、轴类搪铅				

注：设备衬铅，如设计要求安装后再衬铅，需注明。

喷镀（涂）工程工程量清单项目设置、项目特征描述的内容、计量单位及工程量计算规则，应按表3-13的规定执行。

表 3-13　喷镀（涂）工程（编码 031206）

项目编码	项目名称	项目特征	计量单位	工程量计算规则	工作内容
031206001	设备喷镀（涂）	1.除锈级别 2.喷镀（涂）品种 3.喷镀（涂）厚度 4.喷镀（涂）层数	1.m^2 2.kg	1.以"m^2"计量，按设备图示表面积计算 2.以"kg"计量，按设备零部件质量计量	1.除锈 2.喷镀（涂）
031206002	管道喷镀（涂）		m^2	按图示表面积计算	
031206003	型钢喷镀（涂）				
031206004	一般钢结构喷（涂）塑	1.除锈级别 2.喷（涂）塑品种	kg	按图示金属结构质量计算	1.除锈 2.喷（涂）塑

耐酸砖、板衬里工程工程量清单项目设置、项目特征描述的内容、计量单位及工程量计算规则，应按表3-14的规定执行。

表 3-14　耐酸砖、板衬里工程（编码：031207）

项目编码	项目名称	项目特征	计量单位	工程量计算规则	工作内容
031207001	圆形设备耐酸砖、板衬里	1.除锈级别 2.衬里品种 3.砖厚度、规格 4.板材规格 5.设备形式 6.设备规格 7.抹面厚度 8.涂刮面材质	m^2	按图示表面积计算	1.除锈 2.衬砌 3.抹面 4.表面涂刮
031207002	矩形设备耐酸砖、板衬里	1.除锈级别 2.衬里品种 3.砖厚度、规格 4.板材规格 5.设备规格 6.抹面厚度 7.涂刮面材质	m^2	按图示表面积计算	1.除锈 2.衬砌 3.抹面 4.表面涂刮
031207003	锥（塔）形设备耐酸砖、板衬里				
031207004	供水管内衬	1.衬里品种 2.材料材质 3.管道规格、型号 4.衬里厚度			1.衬里 2.养护

项目编码	项目名称	项目特征	计量单位	工程量计算规则	工作内容
031207005	衬石墨管	规格	个	按图示数量计算	安装
031207006	铺衬石棉板	部位	m²	按图示表面积计算	铺衬
031207007	耐酸砖、板衬砌体热处理				1.安装电炉 2.热处理

注：1.圆形设备形式指立式或卧式。

2.硅质耐酸胶泥衬砌块材，如设计要求勾缝，需注明。

3.衬砌砖、板，如设计要求采用特殊养护，需注明。

4.胶板、金属面，如设计要求脱脂，需注明。

5.设备拱砌筑，需注明。

绝热工程工程量清单项目设置、项目特征描述的内容、计量单位及工程量计算规则，应按表3-15的规定执行。

表3-15　绝热工程（编码031208）

项目编码	项目名称	项目特征	计量单位	工程量计算规则	工作内容
031208001	设备绝热	1.绝热材料品种 2.绝热厚度 3.设备形式 4.软木品种	m³	按图示表面积加绝热层厚度及调整系数计算	1.安装 2.软木制品安装
031208002	管道绝热	1.绝热材料品种 2.绝热厚度 3.管道外径 4.软木品种			
031208003	通风管道绝热	1.绝热材料品种 2.绝热厚度 3.软木品种	1. m³ 2. m²	1.以"m³"计量，按图示表面积加绝热层厚度及调整系数计算 2.以"m²"计量，按图示表面积及调整系数计算	
031208004	阀门绝热	1.绝热材料 2.绝热厚度 3.阀门规格	m³	按图示表面积加绝热层厚度及调整系数计算	安装
031208005	法兰绝热	1.绝热材料 2.绝热厚度 3.法兰规格			
031208006	喷涂、涂抹	1.材料 2.厚度 3.对象	m²	按图示表面积计算	喷涂、涂抹安装

项目编码	项目名称	项目特征	计量单位	工程量计算规则	工作内容
031208007	防潮层、保护层	1.材料 2.厚度 3.层数 4.对象 5.结构形式	1.m² 2.kg	1.以"m²"计量，按图示表面积加绝热层厚度及调整系数计算 2.以"kg"计量，按图示金属结构质量计算	安装
031208008	保温盒、保温托盘	名称	1.m² 2.kg	1.以"m²"计量，按图示表面积计算 2.以"kg"计量，按图示金属结构质量计算	制作、安装

注：1.设备形式指立式、卧式或球形。

2.层数指一布二油、两布三油等。

3.对象指设备、管道、通风管道、阀门、法兰、钢结构。

4.结构形式指钢结构，即一般钢结构、H形钢制结构、管廊钢结构。

5.如设计要求保温、保冷分层施工，需注明。

6.设备简体、管道绝热工程量 $V=\pi(D+1.033\delta)\times1.033\delta L$，$\pi$ 为圆周率，D 为直径，1.033 为调整系数，δ 为绝热层厚度，L 为设备简体高或管道延长米。

7.设备简体、管道防潮和保护层工程量 $S=\pi(D+2.1\delta+0.0082)L$，2.1 为调整系数，0.0082 为捆扎线直径或钢带厚度。

8.单管伴热管、双管伴热管（管径相同，夹角小于90°时）工程量：$D'=D_1+D_2+(10\sim20mm)$，D' 为伴热管道综合值，D_1 为主管道直径，D_2 为伴热管道直径，$10\sim20mm$ 为主管道与伴热管道之间的间隙。

9.双管伴热管（管径相同，夹角大于90°时）工程量：$D'=D_1+1.5D_2+(10\sim20mm)$。

10.双管伴热管（管径不同，夹角小于90°时）工程量：$D'=D_1+D_{伴大}+(10\sim20mm)$。

将注8、9、10的 D' 代入注6、7公式即是伴热管道的绝热层、防潮层和保护层工程量。

11.设备封头绝热工程量：$V=[(D+1.033\delta)/2]^2\times\pi\times1.033\delta\times1.5N$，$N$ 为设备封头个数。

12.设备封头防潮和保护层工程量：$S=[(D+2.1\delta)/2]^2\times\pi\times1.5N$，$N$ 为设备封头个数。

13.阀门绝热工程量：$V=\pi(D+1.033\delta)\times2.5D\times1.033\delta\times1.05N$，$N$ 为阀门个数。

14.阀门防潮和保护层工程量：$S=\pi(D+2.1\delta)\times2.5D\times1.05N$，$N$ 为阀门个数。

15.法兰绝热工程量：$V=\pi(D+1.033\delta)\times1.5D\times1.033\delta\times1.05N$，1.05 为调整系数，$N$ 为法兰个数。

16.法兰防潮和保护层工程量：$S=\pi(D+2.1\delta)\times1.5D\times1.05N$，$N$ 为法兰个数。

17.弯头绝热工程量：$V=\pi(D+1.033\delta)\times1.5D\times2\pi\times1.033\delta N/B$，$N$ 为弯头个数；B 值：90°弯头，$B=4$；45°弯头，$B=8$。

18.弯头防潮和保护层工程量：$S=\pi(D+2.1\delta)\times1.5D\times2\pi N/B$，$N$ 为弯头个数；B 值：90°弯头，$B=4$；45°弯头，$B=8$。

19.拱顶罐封头绝热工程量：$V=2\pi r(h+1.033\delta)\times1.033\delta$。

20.拱顶罐封头防潮和保护层工程量：$S=2\pi r(h+2.1\delta)$。

21.绝热工程第二层（直径）工程量：$D=(D+2.1\delta)+0.0082$，以此类推。

22.计算规则中调整系数按注中的系数执行。

23.绝热工程前需除锈、刷油，应按2013国标清单规范附录M.1刷油工程相关项目编码列项。

管道补口补伤工程工程量清单项目设置、项目特征描述的内容、计量单位及工程量计算规则，应按表3-16的规定执行。

表 3-16　管道补口补伤工程（编码 031209）

项目编码	项目名称	项目特征	计量单位	工程量计算规则	工作内容
031209001	刷油	1.除锈级别 2.油漆品种 3.涂刷遍数 4.管外径	1.m² 2.口	1.以"m²"计量，按设计图示表面积尺寸，以面积计算 2.以"口"计量，按设计图示数量计算	1.除锈、除油污 2.涂刷
031209002	防腐蚀	1.除锈级别 2.材料 3.管外径			
031209003	绝热	1.绝热材料品种 2.绝热厚度 3.管道外径			安装
031209004	管道热缩套管	1.除锈级别 2.热缩管品种 3.热缩管规格	m²	按图示表面积计算	1.除锈 2.涂刷

　　阴极保护及牺牲阳极工程量清单项目设置、项目特征描述的内容、计量单位及工程量计算规则，应按表 3-17 的规定执行。

表 3-17　阴极保护及牺牲阳极（编码 031210）

项目编码	项目名称	项目特征	计量单位	工程量计算规则	工作内容
031210001	阴极保护	1.仪表名称、型号 2.检查头数量 3.通电点数量 4.电缆材质、规格、数量 5.调试类别	站	按图示数量计算	1.电气仪表安装 2.检查头、通电点制作、安装 3.焊点绝缘防腐 4.电缆敷设 5.系统调试
031210002	阳极保护	1.废钻杆规格、数量 2.均压线材质、数量 3.阳极材质、规格	个		1.挖、填土 2.废钻杆敷设 3.均压线敷设 4.阳极安装
031210003	牺牲阳极	材质、袋装数量			1.挖、填土 2.合金棒安装 3.焊点绝缘防腐

相关问题及说明如下：

（1）刷油、防腐蚀、绝热工程适用于新建、扩建项目中的设备、管道、金属结构等的刷油、防腐蚀、绝热工程。

（2）一般钢结构（包括吊架、支架、托架、梯子、栏杆、平台）、管廊钢结构以千克（kg）为计量单位；大于400mm型钢及H形钢制结构以平方米（m²）为计量单位，按展开面积计算。

（3）由钢管组成的金属结构的刷油，按管道刷油相关项目编码，由钢板组成的金属结构的刷油，按H型钢刷油相关项目编码。

（4）矩形设备衬里按最小边长塔、槽类设备衬里相关项目编码。

3.3.4 通风空调工程清单列项

下面以×××派出所2#暖通施工图的一层通风与排烟平面图（图号NK-B-01）排烟机房及等候室为例，通风及排烟系统清单列项如表3-18所示。

表3-18 通风及排烟系统清单列项

序号	清单编号	项目名称	单位
1	030108006001	高效混流式机械排烟风机，型号XGF-No.8A	台
2	030703001001	280℃防火调节阀（常开）1000mm×250mm	个
3	030703001002	70℃防火调节阀（关闭）200mm×160mm	个
4	030703011001	防雨百叶风口1000mm×800mm	个
5	030703011002	防雨百叶风口200mm×160mm	个
6	030703011003	单层百叶风口（带调节阀）	个
7	030701002001	卫生间排气扇吸顶安装	个
8	030702001001	镀锌薄钢板矩形风管1000mm×250mm，含支、吊架制作、安装、防腐、刷油	m²
9	030702001002	镀锌薄钢板矩形风管200mm×160mm，含支、吊架制作、安装、防腐、刷油	m²
10	031208003001	通风管道绝热：铝箔贴面离心玻璃棉保温材料	m²
11	031202005001	铝箔贴面离心玻璃棉隔热材料	m²
12	030704001001	通风及防排烟系统工程检测、调试	系统
13	030704002001	风管漏光试验、漏风试验	m²

3.4 BIM安装算量建模——通风空调工程

本节将以×××派出所2#暖通施工图的一层通风及排烟平面图（图号NK-B-01）为例，学习BIM安装算量通风及排烟系统建模。

二维码3.1

3.4.1 CAD图纸导入、CAD图纸分割

参照第2章2.4节CAD图纸导入、CAD图纸分割的方式，导入"2#暖通施工图"并分割图纸。

3.4.2 暖通设备

点击菜单栏【暖通】专业，选择【提取设备】命令，当操作界面命令栏提示"拾取第一点"时，如图 3-14 所示，框选图例及主要设备表（图号 NK-TY-02）中的图例。

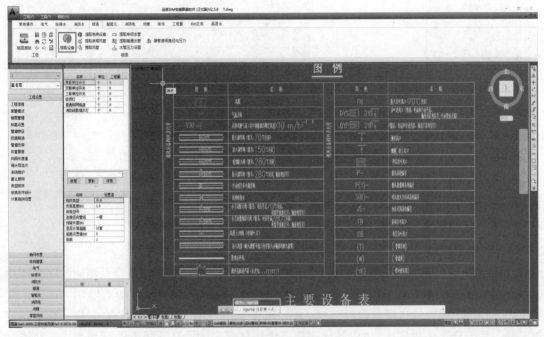

图 3-14 提取设备

框选完毕后，如图 3-15 所示，在软件自动弹出"转化图例表"对话框，检查图例表中的图例是否已经全部提取，确认后点击【转化】，当操作界面命令栏出现提示"拾取转化范围"时，按右键默认全选一层或框选 2# 一层通风及排烟平面图（图号 NK-B-01）完成转化，打开状态栏的【颜色过滤】命令，可以看到已经转化的三个风口，如图 3-16 所示。

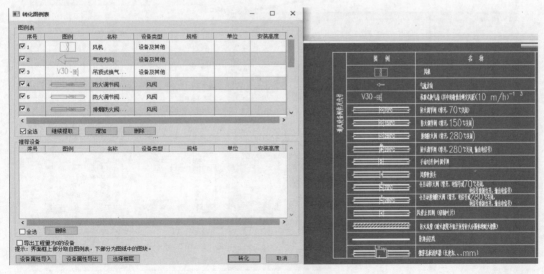

图 3-15 转化图例表

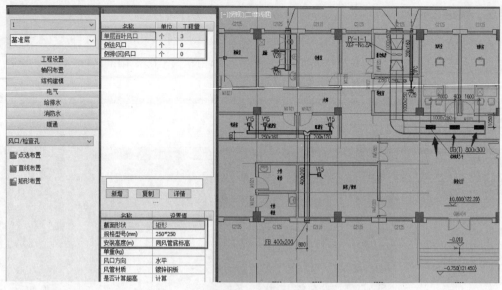

图3-16　完成转化

3.4.3　风管

点击菜单栏【暖通】专业，选择【提取风管】命令，如图3-17所示，在弹出的"提取风管"对话框中，依次提取风管边线、风管标注层、风管中心线/管件，提取完毕并点击【确定】后，弹出"风管管道属性修改"对话框，如图3-18所示，根据图纸信息对提示框进行校核、修改后，点击【确定】。风管转化完毕，将构件列表内已转化风管的标高方式，在属性列表栏内按图纸要求改为"顶标高"，如图3-19所示。

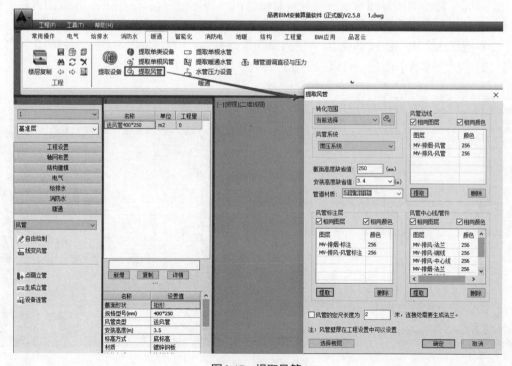

图3-17　提取风管

注：在提取风管中心线/管件时，确保管件的图例线提取完毕。

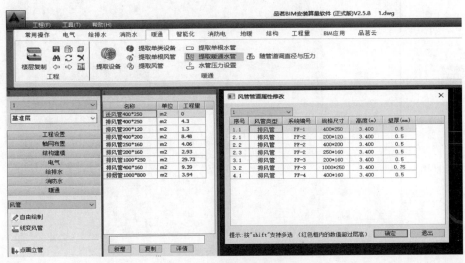

图3-18　风管管道属性修改

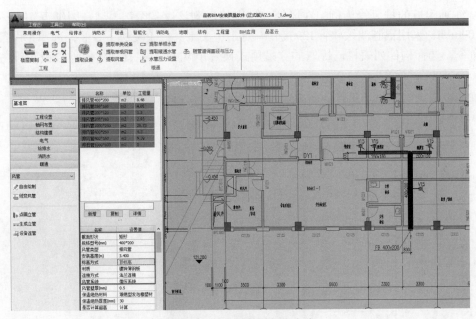

图3-19　修改风管的标高方式

3.4.4　风口（侧风口）、吊顶式换气扇及风机

（1）风口（侧风口）。

点击中文工具栏【暖通】专业，选择【风口/检查孔】命令，以排烟系统风管1000mm×800mm末端的风口为例，选择构件列表栏已提取的"侧排（回）风口1000×800"，在构件属性栏校核该风口规格型号为"1000×800"，风口方向为竖直，校核无误后选择【点选布置】命令，在风管1000mm×800mm末端点击布置即可，如图3-20所示。侧风口布置同风口。

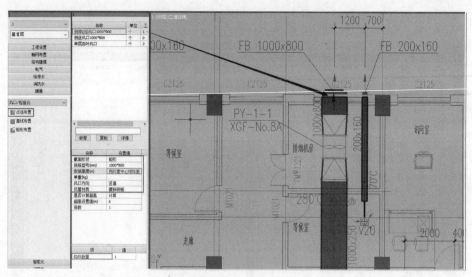

图3-20 风口布置

（2）吊顶式换气扇。

以②-⑥轴附近的排风管为例，在风管末端可以看到该设备图例，结合图纸得知，该设备风量200m³/h，采用铝制波纹软管125接管。点击中文工具栏【暖通】专业，选择【设备及其他】命令，选择构件列表栏已提取的"吊顶式换气扇V20"，在其构件属性栏设置设备尺寸为"300×300"，标高为"3.2"，设置完成后选择【点选布置】命令，按命令栏提示，于图纸位置V20图例处布置，如图3-21所示。按图布置后，到铝制波纹软管连接这一步，方法同风管。

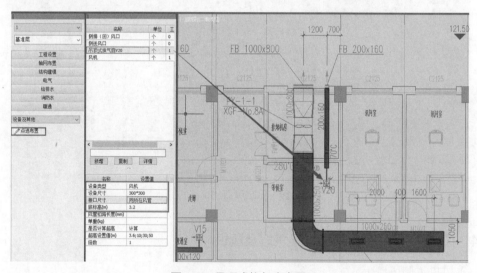

图3-21 吊顶式换气扇布置

（3）风机布置。

点击中文工具栏【暖通】专业，选择【设备及其他】命令，选择构件列表栏已提取的风机，并在其构件属性栏设置设备尺寸为"1000"，底标高为"2.9"，设置完成后，点击菜单栏【暖通】专业，选择【提取单类设备】，按"提取设备图例"的命令提示提取排烟风机，如图3-22所示，完成风机布置。

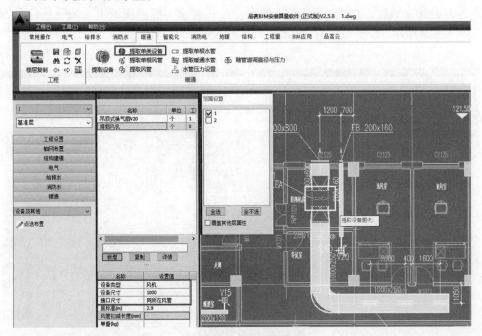

图3-22　风机布置

（4）风机与风管的连接。

点击中文工具栏【暖通】专业，选择【风管】命令，在构件列表栏新增"排风管DN1000"，根据图纸要求，在构件属性栏设置形状、规格、类型等。设置完成后，点击【自由绘制】，在弹出的窗口选择与矩形风管同类系统，如排风系统，设置完成后，按图纸绘制风管与风机的连接管件，如图3-23所示。

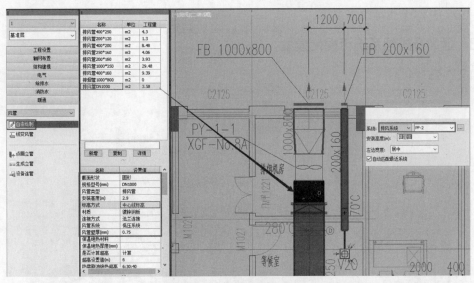

图3-23　风机与风管的连接

3.4.5　风管支吊架

点击中文工具栏【暖通】专业，选择【风管支吊架】，同时，选择【选管布置】，根据图纸及规范要求,在弹出的"风管支吊架-选管布置"对话框,设置支架的起配距离、风管支架间距等,设置完成后,点击【确定】,根据命令栏提示,框选图纸上的风管后,右键确认即可,如图3-24所示。

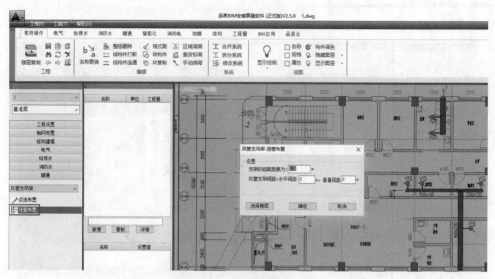

图3-24　风管支吊架布置

3.4.6　防腐刷油

同第2章2.4节给排水系统。

3.4.7　通风空调工程套取清单、定额

同第2章2.4节生活给水系统。

3.4.8　通风及排烟系统可视化模型

如图3-25所示。

图3-25　通风及排烟系统可视化模型

实训任务

1. ×××派出所1#暖通施工图识图。
2. ×××派出所1#通风及排烟系统清单列项。
3. ×××派出所1#通风及排烟系统建模。

第4章 建筑电气工程

4.1 建筑电气工程的基础知识

4.1.1 电气基础知识

电能是指电以各种形式做功的能力。电能的生产、变换、输送和分配统称电力系统，整个电能的产生、变换、输送、分配、使用可以看作是一个大型的电路。

4.1.1.1 电路的组成

电路由电源、负载和中间环节组成，如图4-1所示。电源是产生电能的设备。如发电机、蓄电池、光电池等。负载就是将电能转化为其他形式的能量加以利用。如电炉、电动机等。中间环节就是连接电源和负载。如导线、开关、控制设备等。

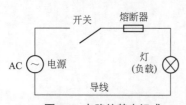

图4-1 电路的基本组成

4.1.1.2 电路的工作状态

通路就是电源与负载之间形成闭合回路，电路中有工作电流，这是用电设备正常工作时的电路状态。断路就是指电源与负载之间没有形成闭合回路，也称之为开路，电路中没有电流，这种状态下用电设备不工作。短路是指电流未经负载而直接流回电源。

4.1.1.3 导电材料

在发电厂、变电所及输电线路中，所用的导体有电线、电缆、母线等。

（1）电线　电线是指传导电流的导线，有实心的、绞合的或箔片编织的等各种形式。按绝缘状况分为裸电线和绝缘电线两大类。

① 裸电线不包任何绝缘或保护层的电线。如铝绞线 LJ、硬铜绞线 TJ、铝合金绞线 LHJ、钢芯铝绞线 LGJ、钢芯铝合金绞线 LHGJ。

② 绝缘电线：主要有聚氯乙烯（绝缘、屏蔽）电线和橡皮绝缘电线两大类。按芯线构造不同，可分为单芯、多芯与软线。见表4-1。

表 4-1　电线型号及用途

分类	型号	型号说明	用途
X-橡皮绝缘电线	BX（BLX） BXF（BLXF） BXR	铜（铝）芯橡皮绝缘线； 铜（铝）芯氯丁橡皮绝缘线； 铜芯橡皮绝缘软线	适用于交流500V及以下或直流1000V及以下的电气设备及照明装置
V-聚氯乙烯绝缘电线	BV（BLV） BVV（BLVV） BVVB（BLVVB） BVR BV-105	铜（铝）芯聚氯乙烯绝缘线； 铜（铝）芯聚氯乙烯绝缘氯乙烯护套圆形电线； 铜（铝）芯聚氯乙烯绝缘氯乙烯护套平型电线； 铜（铝）芯聚氯乙烯绝缘软线； 铜芯耐热105℃聚氯乙烯绝缘软线	适用于各种交流、直流电器装置，电工仪表、仪器，电讯设备，动力及照明线路固定敷设
R-软线	RV RVB RVS RV-105 RXS RX	铜芯聚氯乙烯绝缘软线； 铜芯聚氯乙烯绝缘平行软线； 铜芯聚氯乙烯绝缘绞型软线； 铜芯耐热105℃聚氯乙烯绝缘连接软电线； 铜芯橡皮绝缘棉纱编织绞型软电线； 铜芯橡皮绝缘棉纱编织圆形软电线	适用于各种交流、直流电器、电工仪表、家用电器、小型电动工具、动力及照明装置的连接

（2）电缆　电缆是自带绝缘的一芯或多芯导体。总的用途有传输电能和传输信号两种。

1）电缆的基本结构。电缆基本结构一般由导体、绝缘层和保护层组成。导体是传输电流或信号的作用，有实芯和绞合之分，材料有铜、铝、铜包铝等，电缆线芯有单芯、双芯、三芯和多芯等。常用的线芯截面分为 $1.5mm^2$、$2mm^2$、$2.5mm^2$、$4mm^2$、$6mm^2$、$10mm^2$、$16mm^2$、$25mm^2$、$35mm^2$、$50mm^2$、$70mm^2$、$95mm^2$、$120mm^2$、$150mm^2$、$185mm^2$、$240mm^2$ 等规格；绝缘层包裹在导线外面，起电气绝缘的作用。通常采用纸绝缘、橡皮绝缘、塑料绝缘等材料做绝缘层；保护层是使电缆适用各种使用环境而在绝缘层外面所施加的保护覆盖层。

2）电缆的种类和型号。电缆按用途分为：电力电缆、控制电缆、电气设备用电缆、通信电缆和射频电缆等。电缆的型号由八部分组成：①用途代码；②绝缘代码；③导体材料代码；④内护层代码；⑤派生（特性）代码；⑥外护层代码；⑦特殊产品代码；⑧相、线电压——单位 kV（0.4kV、1kV、3kV、6kV、10kV、20kV、35kV）。

电缆型号含义见表4-2。

表 4-2　电缆型号含义

类型、用途	绝缘层	导线材料	内护层	特性	特殊产品
——电力电缆 K——控制电缆 Y——移动电缆 P——信号电缆 S——射频电缆 H——通信电缆	Z——纸绝缘 YJ——交联聚乙烯绝缘 V——聚氯乙烯绝缘 X——橡皮绝缘 Y——聚乙烯绝缘	L——铝芯 T——铜芯 A（C）——铜包铝	V——聚氯乙烯绝缘 H——橡皮套 Y——聚乙烯绝缘 Q——铅包 L——铝包	CY——充油 D——不滴油 P——干绝缘 C——重型	TH——湿热带 TA——干热带

4.1.1.4 电气其他常用材料

（1）常用绝缘材料

绝缘材料又称为电介质，是一种不导电的物质。常用的绝缘材料按其化学性质不同，可分为无机绝缘材料、有机绝缘材料和混合绝缘材料。

① 绝缘油主要用来填充变压器、油开关、浸渍电容器和电缆等。具有绝缘、散热和灭弧作用。

② 树脂是有机凝固性绝缘材料。电工常用树脂有酚醛树脂、环氧树脂、聚氯乙烯、松香等。

③ 绝缘漆按其用途，可分为浸渍漆、涂漆和胶合漆等。

④ 橡胶和橡皮。橡胶分天然橡胶和人造橡胶两种。特性是弹性大、不透气、不透水，且有良好的绝缘性能。但纯橡胶在加热和冷却时，都容易失去原有的性能，所以在实际应用中常把一定数量的硫磺和其他填料加在橡胶中，然后再经过特别的热处理，使橡胶能耐热和耐冷。这种经过处理的橡胶即称为橡皮。

⑤ 玻璃丝。电工用玻璃丝是用无碱、铝硼硅酸盐的玻璃纤维所制成的。它的耐热性高、吸潮性小、柔软、抗拉强度高、绝缘性能好。

⑥ 绝缘包带又称绝缘包布。常用的有黑胶布带、橡胶带、塑料绝缘带。

⑦ 电瓷是用各种硅酸盐和氧化物的混合物制成的。它具有极大的稳定性、很高的机械强度、绝缘性和耐热性，不易表面放电。电瓷主要用于制造各种绝缘子、绝缘套管、灯座、开关、插座和熔断器等。

（2）常用安装材料

① 金属管。金属管主要有水煤气钢管、薄壁钢管（电线管）、金属波纹管（也叫金属软管或蛇皮管）、普利卡金属套管等。如图4-2所示。

水煤气钢管　　　薄壁钢管(电线管)　　金属波纹管(也叫金属软管或蛇皮管)　　普利卡金属套管

图 4-2　常用金属管类型

② 塑料管。建筑电气工程中常用的塑料管有硬质塑料管、半硬质塑料管和软塑料管。

③ 线槽、桥架。线槽，又名走线槽、配线槽、行线槽，是用来将电源线、数据线等线材

规范地整理、固定在墙上或者天花板上的电气材料。一般有塑料材质和金属材质两种。其规格常用"宽度×高度"表示，如100mm×50mm。

桥架是使电线、电缆、管缆铺设达到标准化、系列化、通用化的电缆铺设装置。桥架由支架、托臂和安装附件等组成。桥架适用于电压10kV以下的电力电缆及控制电缆、照明配线等室内、室外架空电缆沟、隧道的敷设。其规格常用"宽度×高度"表示，如1000mm×200mm。

桥架按形式，可分为托盘式、槽式、梯架式、组合式等；桥架按材料，可分为钢制、铝合金、玻璃钢等；桥架按表面处理方式，可分为冷镀锌、喷塑、喷漆、热镀锌等。如图4-3所示。

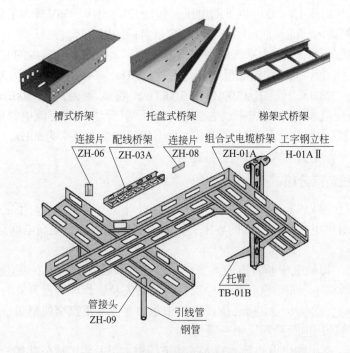

图4-3　常用桥架类型

（3）常用固结材料　常用的固结材料除一般常见的圆钉、扁头钉、自攻螺钉、铝铆钉及各种螺钉外，还有直接固结于硬质基体上所采用的水泥钉、射钉、塑料胀管和膨胀螺栓。

4.1.2　电力系统

自然界中蕴藏的能量是极其丰富的，各种非电形式的能源，都可以方便地通过发电厂转换成电能。发电厂是把各种天然能源（如煤炭、水能、核能、风力、太阳能、潮汐、地热等）转化为电能的工厂。变电所可将发电厂生产的电能进行变换并通过输电线路分配给用户使用。电力系统就是将生产电能的发电机、输送电能的电力线路、分配电能的变压器以及消耗电能的各种负荷紧密联系起来的系统。

4.1.2.1　电力系统的电压等级和频率

（1）电力系统的电压等级　电力系统的电压等级有多种，不同的电压等级有不同的用途。根据我国规定，交流电力系统的额定电压等级有：110V、220V、380V、3kV、6kV、10kV、35kV、110kV、220kV、330kV、500kV等。

通常把1kV以下的电力网称为低压电网，1～220kV的电力网称为高压电网，330kV及以上的电力网称为超高压电网。各种电压等级有不同的适用范围。在我国电力系统中，220kV及以上的电压等级用于大型电力系统的主干线，输电距离达100～150km。110kV电压用于中、小型电力系统的主干线，输电距离为50～100km。35kV电压用于电力系统的二次网络或大型工厂的内部供电，输电距离为20～50km。6～10kV电压用于输电距离为5～15km的城镇和工农业与民用建筑施工供电。小功率电动机、电热等用电设备，一般采用三相电压380V和单相电压220V供电。几百米之内的照明用电，一般采用380/220V三相四线制供电，电灯则接在220V相电压上。100V以下的电压，包括12V、24V、36V等，主要用于安全照明，如潮湿工地、建筑物内部的局部照明，以及小容量负荷的用电等。

（2）电力系统的频率　电力系统的频率指电流频率，是交流电1s内的变换次数。一般分为超高频、高频、中频、低频和超低频。超高频为30MHz～30GHz，高频为3MHz～30MHz，中频为300kHz～3MHz，低频为300Hz～300kHz，超低频为30～300Hz。工频属超低频的一种，是由变电所配送到居家、办公楼宇及厂矿等场所的交流电，电流频率范围为50～60Hz。人们日常用电就是工频交流电，我国规定交流电频率为50Hz，少数几个国家规定为60Hz。电流频率越低对人体的危害性越大。

4.1.2.2　电力系统负荷分级

电力系统运行的最基本要求是供电可靠性，但并非所有负荷都绝对不能停电，为了正确地反映电力负荷对供电可靠性要求的界限，恰当选择供电方式，提高电网运行的经济效率，将负荷分为三级。

① 一级负荷：指供电中断将造成人身事故及重要设备的损坏，在政治、经济上造成重大损失，公共场所秩序严重混乱，发生中毒、引发火灾及爆炸等严重事故的负荷。例如国宾馆、国家政治活动会堂及办公大楼、国民经济中重点企业、重点交通枢纽、通信枢纽、大型体育馆、展览馆等的用电负荷均属于一级负荷。

② 二级负荷：指中断供电将导致较大的经济损失，以及将造成公共场所秩序混乱或破坏大量居民的正常生活的负荷。如：停电造成重大设备的损坏，导致大量废品的产生，交通枢纽的停电造成交通秩序混乱等的这类负荷均属于二级负荷。对工期紧迫的建筑工程项目，也可按二级负荷考虑。

③ 三级负荷：指除一级、二级负荷以外的负荷。

各级负荷的供电要求如下。

① 一级负荷应由两个电源独立供电，当一个电源发生故障时，另一个电源应不至于同时受到损坏。一级负荷容量较大或有高压用电设备时，应采用两路高压电源。一级负荷中的特别重负荷，除上述两个电源外，还应增设应急电源。为保证对特别重要负荷的供电，严禁将其他负荷接入应急供电系统。

② 二级负荷的供电系统，应做到当发生电力变压器故障或线路常见故障时，不至于中断供电（或中断后能迅速恢复）。在负荷较小或地区供电条件困难时，二级负荷可由一路6kV及以上专用架空线供电。

③ 三级负荷对供电无特殊要求。

民用建筑常用的负荷分级见表4-3。

表 4-3 民用建筑常用负荷分级

建筑类别	建筑物名称	用电设备及部位	负荷级别
住宅建筑	高层普通住宅	电梯、楼梯照明	二级
旅馆建筑	高级旅馆	宴会厅、新闻摄影、高级客房电梯	一级
	普通旅馆	主要照明	二级
办公建筑	省、市、部级办公室	会议室、总值班室、电梯、档案室、主要照明	一级
	银行	主要业务用计算机及外部设备电源、防盗信号电源	一级
教学建筑	教学楼	教室及其他照明	二级
	实验室		一级
科研建筑	科研所重要实验室，计算机中心、气象台	主要用电设备	一级
		电梯	二级
文娱建筑		舞台、电声、贵宾室、广播及电视转播、化妆照明	一级
医疗建筑	县级及以上医院	手术室、分娩室、急诊室、婴儿室、重症监护室照明	一级
		细菌培养室、电梯	二级
商业建筑	省辖市以上百货大楼	营业厅主要照明	一级
		其他附属	二级
博物馆、展览馆建筑	省、市、自治区及以上博物馆、展览馆	珍贵展品室、防盗信号电源	一级
		商品展览用电	二级
商业仓库建筑	冷库	冷库、有特殊要求的冷库压缩机、电梯、库内照明	二级
监狱建筑	监狱	警卫信号	一级

4.1.3 建筑电气工程的组成

建筑电气是以电能、电气设备和电气技术为手段，创造、维持和改善室内的电、光、热、声环境的一门学科。建筑电气工程主要由室外电气、变配电、供电干线、电气动力、电气照明、备用电源和不间断电源、防雷及接地等工程组成。

（1）室外电气工程 室外电气工程主要包括架空线路、杆上电气设备、箱式变电所、成套配电柜安装，电线、电缆、导管和线槽敷设，建筑物外部灯具、庭院灯和路灯安装，接地装置安装等。

（2）变配电工程 变配电工程主要包括变压器、高压开关柜、成套配电柜、控制柜安装，裸母线、母线槽安装，电缆敷设等。

（3）供电干线及室内配电线路 供电干线及室内配电线路主要包括母线槽安装，桥架、线槽安装，导管敷设，电线、电缆敷设等。

（4）电气动力工程　电气动力工程主要包括动力配电柜、控制柜（屏、台）安装，电动机和电加热器等电气动力设备检测、试验和空载试运行等。

（5）电气照明工程　电气照明工程主要包括照明配电箱安装，线槽配线，导管配线，槽板配线，钢索配线，普通灯具安装，专业灯具安装，插座、开关、风扇安装，照明通电试运行等。

（6）备用电源和不间断电源　备用电源和不间断电源包括柴油发电机安装、不间断电源设备安装等。

（7）防雷及接地工程　防雷及接地工程包括接闪器（避雷针、避雷带、避雷网、均压环、避雷线）、引下线、接地装置（接地体、接地干线）、避雷装置安装，建筑物等电位连接等。

4.1.4　建筑变配电工程

4.1.4.1　配电系统的基本形式

（1）树干式系统　树干式配电如图4-4所示，不需要在变电所低压侧设置配电盘，而是从变电所低压侧引出线经过空气开关或隔离开关直接引至室内。这种配电方式使变电所低压侧结构简单化，减少电气设备需用量，有色金属的消耗减少，且提高了系统的灵活性。这种接线方式的主要缺点是：当干线路发生故障时，停电范围很大，因而可靠性较差。采用树干式配电必须考虑干线的电压质量。一般用于容量不大或用电设备布置有可能变动时对供电可靠性要求不高的建筑物。例如，对于高层民用建筑，当向楼层各配电箱供电时，多采用分区树干式接线的配电方式。对于容量较大的用电设备，采用树干式配电将导致干线的电压质量明显下降，影响接在同一干线上的其他用电设备的正常工作，因此，容量大的用电设备必须采用放射式配电。

（2）放射式系统　放射式配电如图4-5所示，其优点是配电线相对独立，发生故障互不影响，供电可靠性较高；配电设备较集中，便于维修、管理。但由于放射式接线要求在变电所低压侧设置配电盘，这就导致系统的灵活性差，再加上干线较多，有色金属消耗也较多。适用于一级负荷配电、大容量设备配电、潮湿或腐蚀、有爆炸危险环境的配电。

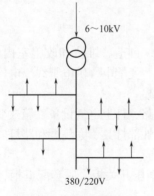

图4-4　树干式配电

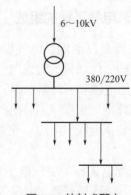

图4-5　放射式配电

（3）链式系统　链式配电与树干式配电的不同之处在于其线路的分支点在用电设备上或分配电箱内，即后面设备的电源引自前面设备的端子，接线如图4-6所示。其优点是线路上无分支点，适合穿管敷设或电缆线路。其缺点是线路或设备检修以及线路发生故障时，相连设备全部停电，供电可靠性差。它适用于暗敷设线路，及供电可靠性要求不高的小容量设备。一般链接的设备不宜超过3～4台，总容量不宜超过10kW。

（4）混合式系统　混合式配电是放射式配电和树干式配电的综合运用，具有两者的优点，在现代建筑中广泛应用。图4-7即为放射-树干的组合方式。

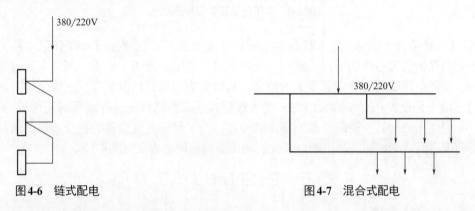

图4-6　链式配电　　　　　　　　　　图4-7　混合式配电

4.1.4.2　高压电气设备

高压电气设备主要由开关设备、保护设备、测量设备、连接母线、控制设备及端子箱组成。

（1）开关设备

① 高压隔离开关（QS）。高压隔离开关主要用于隔离高压电源，以保证对被隔离的其他设备及线路进行安全检修。高压隔离开关将高压装置中需要检修的设备与其他带电部分可靠地断开，并有明显可见的断开间歇。隔离开关没有专门的灭弧装置，所以不能带电负荷操作，否则可能会发生严重的事故。高压隔离开关型号含义见图4-8。

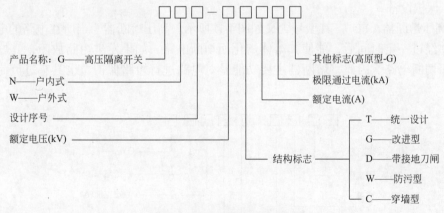

图4-8　高压隔离开关型号含义

② 高压负荷开关（QL）。高压负荷开关具有简单的灭弧装置。主要用在高压侧接通和断开正常工作的负荷电流，但因灭弧能力不高，故不能切断断路电流，它必须和高压熔断器串

联使用，靠熔断器切断短路电流。高压负荷开关型号含义见图4-9。

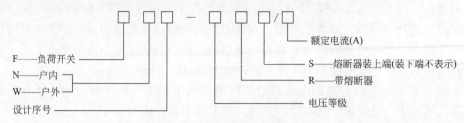

图4-9 高压负荷开关型号含义

③高压断路器（QF）。高压断路器是一种开关电器，不仅能接通和断开正常负荷的电流，还能在保护装置的作用下自动跳闸，切除故障（如短路故障）电流。因为电路短路时电流很大，断开电路瞬间会产生非常大的电弧，所以要求断路器具有很强的灭弧能力。由于断路器的主触头是设置在灭弧装置内的，无法观察其通或断的状态，即断开时无可见的断点。因此，考虑使用安全，一般断路器不能单独使用，为了保证电气设备的安全检修，通常要在断路器前端或前后两端加装高压隔离开关。高压断路器型号含义见图4-10。

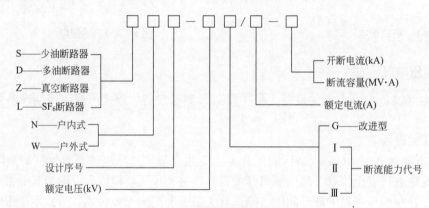

图4-10 高压断路器型号含义

（2）保护设备

①高压熔断器（FU）。其型号含义如图4-11所示。高压熔断器：当所在电路的电流超过规定值并经过一定时间后，能使其熔体熔化而切断电路，如果发生短路故障，其熔体会快速熔断而切断电路。因此，熔断器主要功能是对电路进行短路保护，也具有过负荷保护的功能。

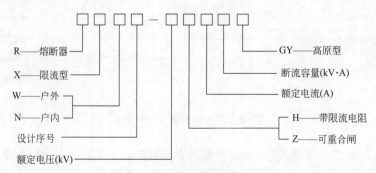

图4-11 高压熔断器型号含义

② 避雷器，主要是闭式避雷器。用来保护变压器或其他配电设备免受雷电产生的过电压波沿线路侵入，击穿其绝缘的危害。其型号含义如图4-12所示。

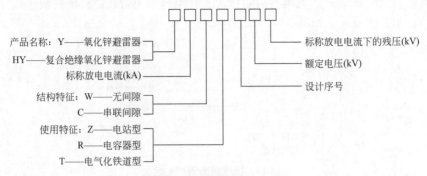

图4-12 避雷器型号含义

③ 高压继电器。用于交直流操作的各种保护和自动控制装置中以增加触点的数量及容量。

（3）高压开关柜

高压开关柜是按照一定的接线方案，将有关的一、二次设备（如开关设备、监察测量仪表、保护电器及操作辅助设备等）组装而成的一种高压成套配电装置。其型号含义如图4-13所示。

① 按元件的固定特点，分为固定式和手车（抽出）式两大类。

② 按结构特点，分为开启式和封闭式。

③ 按柜内装设的电气不同，分为断路器柜、互感器柜、计量柜、电容器柜等。

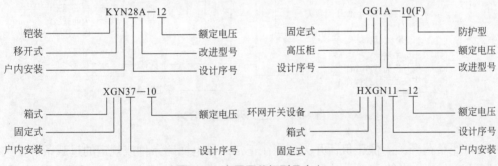

图4-13 高压开关柜型号含义

4.1.4.3 低压电气设备

（1）低压电器定义及其分类

低压电器按动作方式，分为手动电器、自动电器。低压电器按用途，分为配电电器、控制电器。低压电器按执行机构，分为有触点电器和无触点电器。凡对电能的产生、输送、分配和使用起控制、调节、检测、转换及保护作用的电气设备，统称为电器。在额定交流电压1kV以下、直流电压1200V以下的电路中起通断、保护、控制或调节作用的电器称为低压电器。

（2）常用低压电器

① 低压熔断器（FU）。低压熔断器是配电系统中的保护设备，保护线路及低压设备免

受短路电流或过载电流的损害。低压熔断器是一种结构简单、使用方便、价格低廉的保护电器。低压熔断器主要由熔体（俗称保险丝）和安装熔体的熔管或熔座两部分组成。常用的低压熔断器有插入式、螺旋式、无填料封闭管式、有填料封闭管式、有填料快速式等。低压熔断器的型号表示方法及含义如图4-14所示。

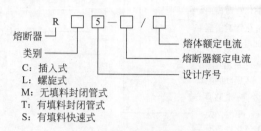

图4-14 低压熔断器型号含义

② 低压刀开关。低压刀开关主要在配电设备中用来将电路与电源隔离，或作为不频繁地接通与分断电路之用，也可对小容量电动机直接进行控制，故又称为隔离开关或闸刀开关。低压刀开关通常由绝缘底板、动触刀、静触座、灭弧装置和操作机构组成。根据工作原理、使用条件和结构形式的不同，低压刀开关可分为刀开关、刀形转换开关、开启式负荷开关（胶盖瓷底刀开关）、封闭式负荷开关（铁壳开关）、熔断器式刀开关和组合开关等；根据刀的极数和操作方式，刀开关可分为单极、双极和三极。常用的低压刀开关有大容量、开启式、封闭式、熔断器式等。低压刀开关的型号表示方法及含义如图4-15所示。

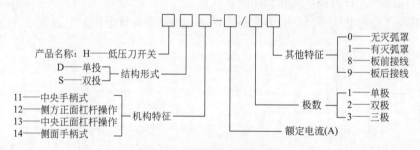

图4-15 低压刀开关型号含义

③ 低压负荷开关。低压负荷开关是能在正常的导电回路条件或规定的过载条件下关合、承载和开断电流，也能在异常的导电回路条件（短路）下按规定的时间承载电流的开关设备。低压负荷开关由刀开关和熔断器串联组合而成，具有操作方便、安全经济的特点。可以切断额定负荷电流和一定的过载电流，但不能切断短路电流。常用的低压负荷开关有HK型、HH型、HR型。其型号含义如图4-16所示。

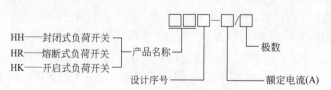

图4-16 低压负荷开关型号含义

④ 低压断路器。低压断路器，又称为自动空气开关，它具有良好的灭弧性能，可用来带

负荷通断电路，又能在短路、过载与欠压时断电保护。低压断路器的结构一般由感测元件、执行元件和传递元件组成。低压断路器按结构形式分为框架式和塑料外壳式两种。常用的低压断路器型号有C系列、D系列、K系列等。其型号含义如图4-17所示。

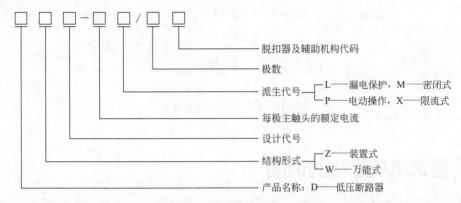

图4-17　低压断路器型号含义

⑤ 接触器（KM）。接触器是一种适用于远距离频繁地接通和分断交直流主电路及大容量控制电路的电器。它主要用于控制电动机，也可用于控制其他电力负载，如电热器、照明、电焊机、电容器等。接触器按其主触头通过的电流种类不同，分为交流接触器和直流接触器。接触器主要由电磁系统、触头系统、灭弧系统三部分组成。电磁系统由线圈、静铁心、动铁心、短路环组成；触头系统包括主触头和辅助触头；小容量接触器常采用电动力灭弧、相间隔弧板隔弧及陶土灭弧罩灭弧，大容量接触器常采用纵缝灭弧罩及栅片灭弧，直流接触器常采用磁吹式灭弧。交流接触器常用型号有CJ20、CJ32等系列；直流接触器有CZ0、CZ18、CZ21、CZ22等系列。

⑥ 继电器（KR）。继电器是根据某种电量（电压或电流）或非电量（热、时间、转速等）是否达到预先设定的值而决定动作或不动作，以接通与断开控制电路，完成控制和保护任务。继电器种类很多，其中最常用的是热继电器。热继电器的结构主要由热元件、双金属片、触头三部分组成。热继电器的复位方式有自动复位和手动复位两种。

⑦ 电源自动转换开关。电源自动转换开关是由一个或几个转换开关电器和其他必需的电器组成，用于检测电源电路，并将一个或多个负载电路从一个电源自动转换到另一个电源的电器。双电源自动转换开关是由两台三极或四极的塑壳断路器及其附件（辅助、报警触头）、机械联锁传动机构、智能控制器等组成。

⑧ 浪涌保护器。浪涌保护器，简称SPD，是一种为各种电子设备、仪器仪表、通信线路提供安全防护的电子装置。当电气回路或者通信线路中因为外界的干扰突然产生尖峰电流或者电压时，浪涌保护器能在极短时间内导通分流，从而避免浪涌对回路中其他设备的损害。

（3）低压配电装置

① 低压配电屏（柜）。按结构形式不同，可分为固定式、抽屉式、混合安装式等。如图4-18所示。

② 低压配电箱。配电箱按其结构，可分为台式、箱式、板式等；按其功能，可分为动力配电箱、照明配电箱、电表箱、插座箱等；按产品生产方式，可分为定型产品、非定型产品和现场组装配电箱等；按安装方式，可分为明装、暗装及落地安装等。

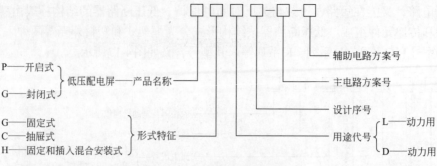

图4-18 低压配电屏型号含义

4.2 建筑电气工程的识图

下面以×××派出所2#电气的相关施工图为案例进行识图。

4.2.1 建筑电气常用符号

我国电气工程图的绘制是按照国家统一的图例和符号来执行的，电气施工图上的各种电气元件及线路敷设均是用国家统一的图例符号和文字符号来表示，识图的基础是首先要明确和熟悉有关电气图例与符号所表达的内容和含义。现将常用的建筑电气图例及建筑电气常用文字符号列于表4-4～表4-12。

表4-4 建筑电气图例

序号	名称	图例	序号	名称	图例
1	楼层照明配电箱（AL）		10	双管荧光灯	
2	应急照明箱（ALE）		11	T5单管三基色荧光灯	
3	动力配电箱（AP）		12	T5双管三基色荧光灯	
4	应急照明集中控制器	应急照明集中控制器	13	应急照明灯	
5	双电源切换箱		14	隔爆灯	
6	排气扇		15	双管格栅灯	
7	吸顶灯		16	疏散指示标志灯	
8	防水防尘吸顶灯		17	安全出口标志灯	
9	单管荧光灯		18	自带电源疏散照明灯	

序号	名称	图例	序号	名称	图例
19	单联单控开关		25	壁挂式空调插座	K
20	双联单控开关		26	柜式空调插座	KG
21	三联单控开关		27	对讲机	
22	延时自熄声控开关	t	28	求助按钮	
23	安全型插座		29	求助警铃	
24	洗衣机插座	X			

表 4-5 防雷接地线型或图例

序号	名称	线型或图例	序号	名称	线型或图例
1	总等电位联结板	MEB	8	接闪短杆	
2	局部等电位联结板	LEB	9	电竖井接地引下线	T D
3	防雷引下线		10	电梯井道接地引下线	T F
4	屋面接闪带	E	11	消防控制室接地端子板	T R
5	均压环		12	设备房接地端子板	T C
6	接地装置	LP	13	接地测试卡子	A T
7	接地引出线		14		⊥ *

表 4-6 线缆敷设方式标注的文字符号

序号	名称	文字符号	序号	名称	文字符号
1	穿低压流体输送用焊接钢管（钢导管）敷设	SC	8	电缆梯架敷设	CL
2	穿普通碳素钢电线套管敷设	MT	9	金属槽盒敷设	MR
3	穿可挠金属电线保护套管敷设	CP	10	塑料槽盒敷设	PR
4	穿硬塑料导管敷设	PC	11	钢索敷设	M
5	穿阻燃半硬塑料导管敷设	FPC	12	直埋敷设	DB
6	穿塑料波纹电线管敷设	KPC	13	电缆沟敷设	TC
7	电缆托盘敷设	CT	14	电缆排管敷设	CE

表 4-7 线缆敷设部位标注的文字符号

序号	名称	文字符号	序号	名称	文字符号
1	沿或跨梁（屋架）敷设	AB	7	暗敷设在顶板内	CC
2	沿或跨柱敷设	AC	8	暗敷设在梁内	BC
3	沿吊顶或顶板面敷设	CE	9	暗敷设在柱内	CLC
4	吊顶内敷设	SCE	10	暗敷设在墙内	WC
5	沿墙敷设	WS	11	暗敷设在地板或地面下	FC
6	沿屋面敷设	RS			

表 4-8 灯具安装方式标注的文字符号

序号	名称	文字符号	序号	名称	文字符号
1	线吊式	SW	7	吊顶内安装	CR
2	链吊式	CS	8	墙壁内安装	WR
3	管吊式	DS	9	支架上安装	S
4	壁装式	W	10	柱上安装	CL
5	吸顶式	C	11	座装	HM
6	嵌入式	R			

表 4-9 线缆的标注方式

标注方式	说明
ab-c(d×e+f×g)i-jh	a——参照代号；b——型号；c——电缆根数；d——相导体根数；e——相导体截面，mm^2；f——N、PE导体根数；g——N、PE导体截面，mm^2；i——敷设方式和管径，mm，参见表4-6；j——敷设部位，参见表4-7；h——安装高度，m

注：当电源线缆N和PE分开标注时，应先标注N，后标注PE（线缆规格中的电压值在不会引起混淆时，可省略）。

表 4-10 电缆型号

型号		名称
铜芯	铝芯	
VV	VLV	聚氯乙烯绝缘聚氯乙烯护套电力电缆
VY	VLY	聚氯乙烯绝缘聚乙烯护套电力电缆
VV22	VLV22	聚氯乙烯绝缘钢带铠装聚氯乙烯护套电力电缆
VV23	VLV23	聚氯乙烯绝缘钢带铠装聚乙烯护套电力电缆
VV32	VLV32	聚氯乙烯绝缘细钢丝铠装聚氯乙烯护套电力电缆
VV33	VLV33	聚氯乙烯绝缘细钢丝铠装聚乙烯护套电力电缆

型号		名称
铜芯	铝芯	
YJV	YJLV	交联聚乙烯绝缘聚氯乙烯护套电力电缆
YJY	YJLY	交联聚乙烯绝缘聚乙烯护套电力电缆
YJV22	YJLV22	交联聚乙烯绝缘钢带铠装聚氯乙烯护套电力电缆
YJV23	YJLV23	交联聚乙烯绝缘钢带铠装聚乙烯护套电力电缆
YJV32	YJLV32	交联聚乙烯绝缘细钢丝铠装聚氯乙烯护套电力电缆
YJV33	YJLV33	交联聚乙烯绝缘细钢丝铠装聚乙烯护套电力电缆

表 4-11 电缆代号

导体代号	第2种铜导体	（T）省略	护套代号	聚氯乙烯护套	V
	第5种铜导体	R		聚乙烯或聚烯烃护套	Y
	铝导体	L		弹性体护套	F
绝缘代号	聚氯乙烯绝缘	V		铅套	Q
	交联聚乙烯绝缘	YJ	铠装代号	双钢带铠装	2
	乙丙橡胶绝缘	E		细圆钢丝铠装	3
	硬乙丙橡胶绝缘	EY		粗圆钢丝铠装	4
外护套代号	聚氯乙烯外护套	2		（双）非磁性金属带铠装	6
	聚乙烯或聚烯烃外护套	3		非磁性金属丝铠装	7
	弹性体外护套	4			

表 4-12 耐火阻燃

系列名称		代号	名称
阻燃系列	有卤	ZA	阻燃A类
		ZB	阻燃B类
		ZC	阻燃C类
		ZD	阻燃D类
	无卤低烟	WDZ	无卤低烟阻燃
		WDZA	无卤低烟阻燃A类
		WDZB	无卤低烟阻燃B类
		WDZC	无卤低烟阻燃C类
		WDZD	无卤低烟阻燃D类

系列名称		代号	名称
耐火系列	有卤	N	耐火
		ZAN	阻燃A类耐火
		ZBN	阻燃B类耐火
		ZCN	阻燃C类耐火
		ZDN	阻燃D类耐火
	无卤低烟	WDZN	无卤低烟阻燃耐火
		WDZAN	无卤低烟阻燃A类耐火
		WDZBN	无卤低烟阻燃B类耐火
		WDZCN	无卤低烟阻燃C类耐火
		WDZDN	无卤低烟阻燃D类耐火

4.2.2　照明配电系统识图

这是以×××派出所2#电气设计（照明）施工图为案例进行识图。

4.2.2.1　配电箱识图

以一层照明配电系统为例，从低压配电系统干线局部示意图（图4-19）、一层照明平面图（图4-21、图4-22）了解到，一层的强电井位置安装有3台配电箱，分别为公共照明配电箱2ALG、应急照明配电箱2ALE、照明配电箱2AL1（图4-20）。从照明配电设计说明了解到，各配电箱的安装方式均为底边距地1.5m挂墙明装。

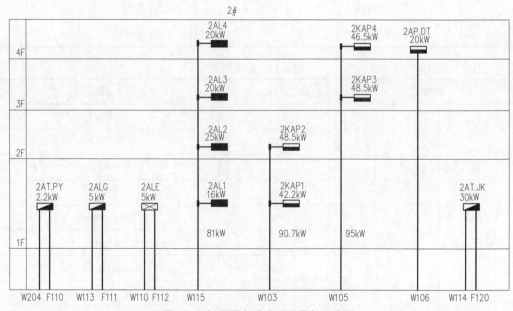

图4-19　低压配电系统干线局部示意图

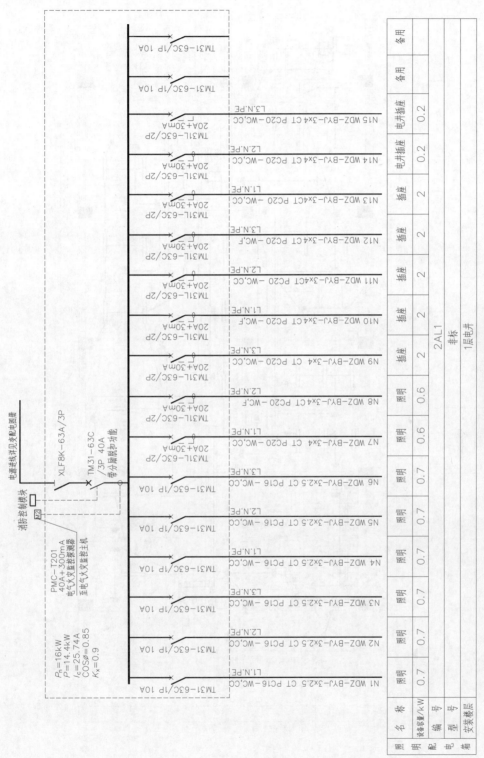

图4-20 2AL1照明配电系统图

照明配电箱	名称	照明	照明	照明	照明	照明	照明	照明	照明	照明	插座	插座	插座	插座	插座	电井插座	电井插座	备用	备用
	设备容量/kW	0.7	0.7	0.7	0.7	0.7	0.7	0.6	0.6		2	2	2	2	2	0.2	0.2		
	编号	N1	N2	N3	N4	N5	N6	N7	N8	N9	N10	N11	N12	N13	N14	N15			
	型号																		
	安装楼层	1层电井								非标										

第4章 建筑电气工程 **109**

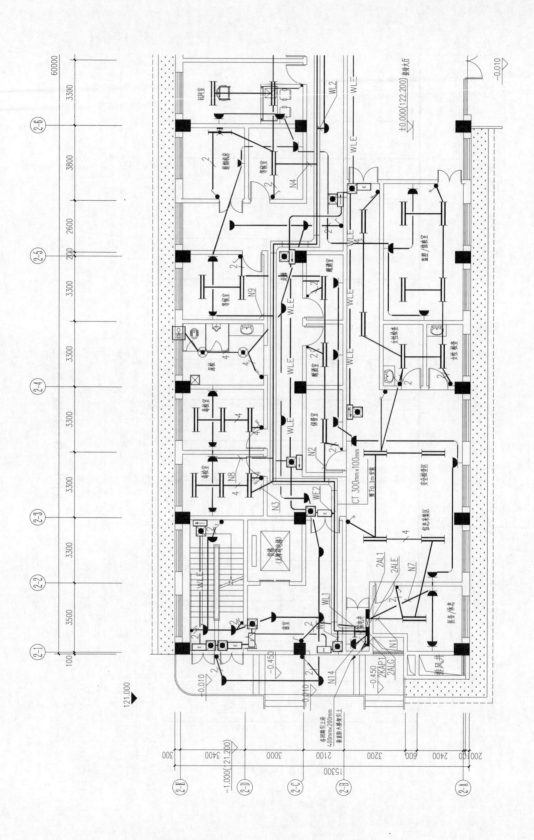

图4-21 一层照明平面图（一）

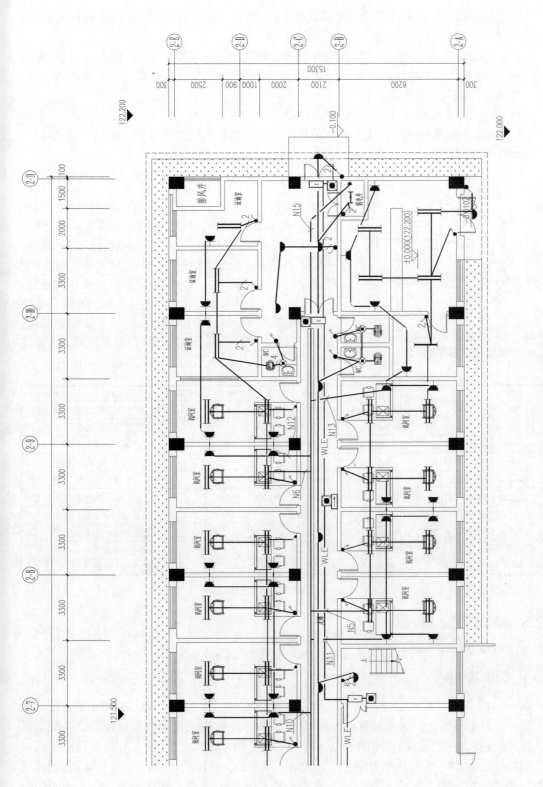

图4-22 一层照明平面图（二）

4.2.2.2　配电箱系统图的识读

以一层照明配电箱2AL1照明配电系统图（图4-20）为例，2AL1配电箱共有15支回路，其中，N1～N8为照明回路，N9～N15为插座回路。

N1～N6配线及敷设方式："WDZ-BYJ-3×2.5 CT PC16—WC，CC"，指3芯，标称截面积2.5mm^{2}的铜芯交联聚烯烃绝缘无卤低烟阻燃电线，通过电缆托盘敷设后，穿PC16硬塑料导管，暗敷在墙内及顶板内。

N7～N15配线及敷设方式："WDZ-BYJ-3×4 CT PC20—WC，CC"，指3芯，标称截面积4mm^{2}的铜芯交联聚烯烃绝缘无卤低烟阻燃电线，通过电缆托盘敷设后，穿PC20硬塑料导管，暗敷在墙内及顶板内。

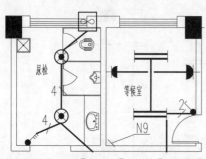

图4-23　一层②-④轴至②-⑤轴与②-D轴至②-E轴相交处照明平面图

4.2.2.3　照明器具及开关插座识图

以一层②-④轴至②-⑤轴与②-D轴至②-E轴相交处照明平面图（图4-23）为例，从表4-43建筑电气图例及一层照明平面图图例说明（图4-24）可以了解到，一层尿检室安装2个防水防尘吸顶灯、1台排气扇、1个三联单控开关，其中，防水防尘吸顶灯按吸顶式安装，三联单控开关按底边距地1.3m嵌装；一层等候室安装2个双管荧光灯、1个单联单控开关、2个安全型插座，其中，双管荧光灯按吸顶式安装，单联单控开关按底边距地1.3m嵌装，安全型插座按底边距地0.3m嵌装。

序号	图例	名称	型号	规格	安装方式	安装高度	备注
1		吸顶灯	型号由业主自理	1×22W×FL，～220V	C		配节能型电子镇流器，三基色光源
2		防水防尘吸顶灯	型号由业主自理	1×22W×FL，～220V	C		配节能型电子镇流器，三基色光源
3		单管应急荧光灯1	型号由业主自理	1×14W×FL，～220V	W	2.5m	应急时间＞180min
4		单管应急荧光灯2	型号由业主自理	1×28W×FL，～220V	C		应急时间＞180min
5		单管荧光灯	型号由业主自理	2×28W×FL，～220V	C		配节能型电子镇流器，三基色光源
6		双管荧光灯	型号由业主自理	2×28W×FL，～220V	C		配节能型电子镇流器，三基色光源
7		翘板开关	型号由业主自理	～250V 10A			底边距地1.3m嵌装
8		声光控延迟开关	型号由业主自理	～250V 10A			底边距地1.3m嵌装
9		排气扇	型号由业主自理	～250V 10A			详见暖通图纸
10		安全型插座	型号由业主自理	～250V 10A			底边距地0.3m嵌装

图4-24　一层照明平面图图例说明

4.2.3　动力配电系统识图

下面以×××派出所2#电气动力施工图为案例进行识图。

4.2.3.1　配电箱识图

以一层动力配电系统为例，从一层动力平面图（图4-25、图4-26）、2KAP1配电箱系统图（图4-27）了解到，一层安装有3台配电箱，分别为1台安装在强电井位置的空调配电箱2KAP1，1台安装在监控/值班室的双电源监控室配电箱2AT.JK，1台安装在排烟机房的双电源排烟机控制箱2AT.PY。从动力配电设计说明（图号DQ2-01）了解到，安装在监控/值班室的双电源消防控制箱2AT.JK安装方式为底边距地1.5m嵌墙暗装，其他配电箱均为底边距地1.5m挂墙明装。

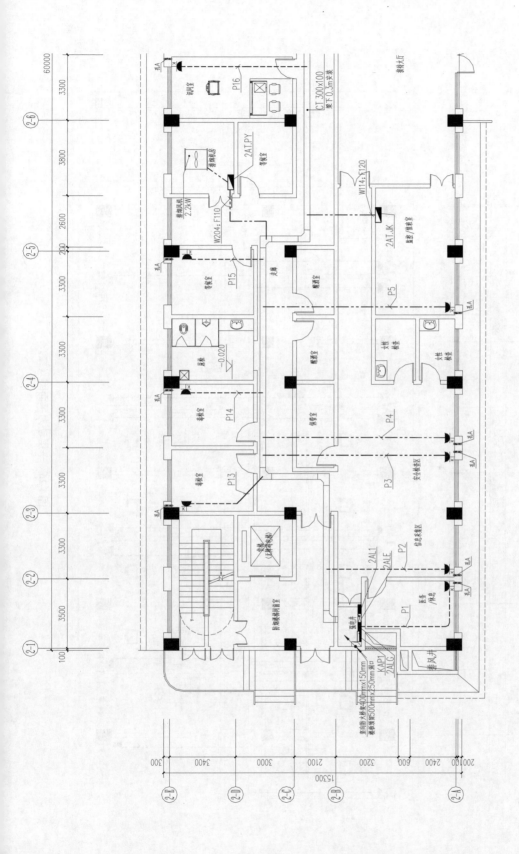

图4-25 一层动力平面图（一）

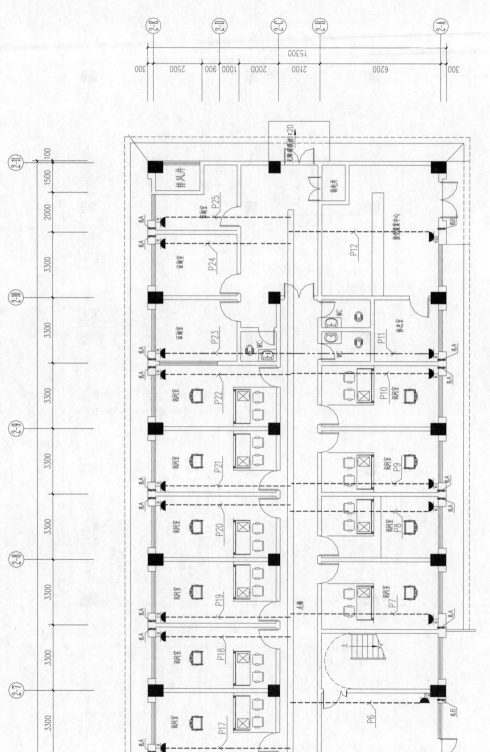

图4-26 一层动力平面图（二）

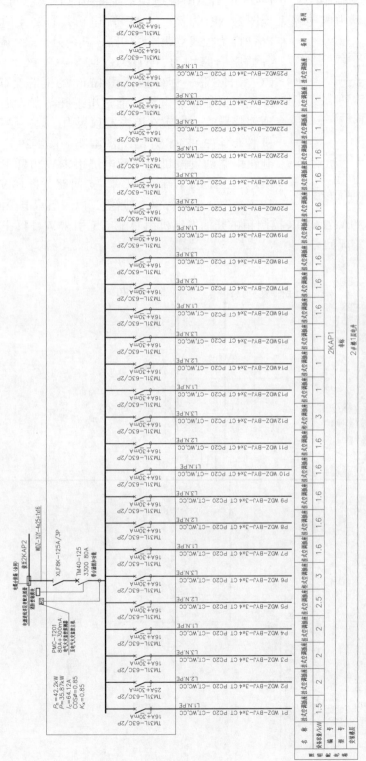

图 4-27 2KAP1配电箱系统图

4.2.3.2　配电支线识图

通过动力平面图（图4-25、图4-26）、2KAP1配电箱系统图（图4-27），可以了解到各配电支线。以一层动力配电箱系统图2KAP1为例，2KAP1配电箱共有25支回路，其中，

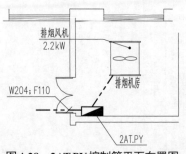

图4-28　2AT.PY控制箱平面布置图

P6、P12为柜式空调插座回路，其余为排式空调插座回路，各插座回路均为"WDZ-BYJ-3×4 CT PC20 –CT，WC，CC"，即3芯，标称截面积4mm²的铜芯交联聚烯烃绝缘无卤低烟阻燃电线，通过电缆托盘敷设后，穿PC20硬塑料导管，暗敷在墙内及顶板内。以一层双电源排烟机控制箱2AT.PY为例（图4-28、图4-29），2AT.PY控制箱由柴油发电机组及配电屏引来W204、F110双电源供电，2AT.PY控制箱只有1支回路，即"WDZN-YJY-1kV-4×4"穿钢管SC32暗敷。以一层双电源消防控制箱2AT.JK为例（图4-30），2AT.JK控制箱由柴油发电机组及配电屏引来W114、F120双电源供电，2AT.JK控制箱无回路。

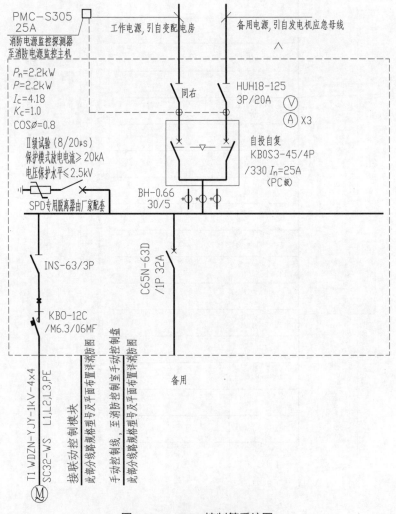

图4-29　2AT.PY控制箱系统图

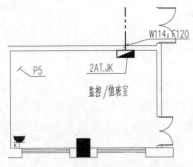

图4-30 2AT.JK控制箱平面布置图

4.2.3.3 插座识图

以一层②-9轴至②-11轴与②-A轴至②-B轴相交处动力平面图（图4-31）为例，可以了解到，讯问室及休息室底边距地1.8m处安装壁挂式空调插座各1个，接受报案中心底边距地0.3m处安装柜式空调插座1个。空调插座图例如图4-32所示。

4.2.3.4 电缆桥架

电缆托盘敷设，又称电缆桥架，文字符号为CT，以一层为例，从动力配电设计说明（图号DQ2-01）、一层动力平面图（图4-25、图4-26）了解到，一层水平防火金属电缆桥架截面为300mm×100mm，梁下0.3m处安装，强电井竖向防火桥架截面为400mm×150mm。

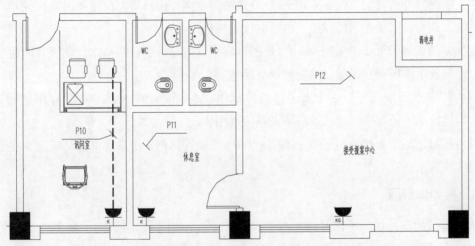

图4-31 一层②-9轴至②-11轴与②-A轴至②-B轴相交处动力平面图

名称	图例	型号、规格	安装方式
壁挂式空调插座	▼ K	～250V，16A	底边距地1.8m
柜式空调插座	▼ KG	～250V，16A	底边距地0.3m

图4-32 空调插座图例

4.2.4 防雷及接地装置识图

下面以×××派出所2#电气防雷施工图为案例进行识图。

4.2.4.1 接闪器识图

从防雷接地设计说明（图号DQ5-01）及屋面防雷平面图（图4-33）了解到，本项目在屋顶采用ϕ12热镀锌圆钢作接闪带，屋顶避雷连接线网格不大于20m×20m或24m×16m。各标高天面的接闪带均须焊接连接。接闪带支架高度为150mm，在屋面阳角设0.3m高的接闪短杆，接闪短杆采用ϕ12热镀锌圆钢制作。

4.2.4.2 引下线识图

从防雷接地设计说明（图号DQ5-01）、基础接地平面图、2#一层防雷接地平面图（图4-34）了解到，本项目引下线做法如下。

防雷引下线：利用结构柱内两根ϕ16主筋通长焊接而成。一层②-1轴×②-A轴、②-1轴×②-E轴、②-11轴×②-A轴、②-11轴×②-E轴建筑外墙处引下线在距室外地面上0.5m处分别设置了接地电阻测试卡子。建筑外墙处引下线在距室外地面上0.5m处设测试卡子。建筑外围引下线在室外地面下1m处引出一根ϕ16热镀锌圆钢伸出室外，与外墙皮的距离不小于1m。以便在接地电阻不满足要求的情况下，增设接地体和疏散雷电流。

强、弱电竖井接地引下线：采用−40×4热镀锌扁钢，由总等电位箱接出，在竖井内通长焊接明敷，并与各层楼板钢筋焊接，供配电设备接地。

电梯井道接地引下线：采用−40×4热镀锌扁钢，由总等电位箱接出，在竖井内通长焊接明敷，并与各层楼板钢筋焊接，供配电设备接地。

消防控制室接地端子板：由水平接地体接出BV-450/750V-1×35导线，穿阻燃管PC25，并引上与接地端子板可靠焊接，供消防设备接地用。

设备房接地端子板接地引下线：采用−40×4热镀锌扁钢，由总等电位箱接出，在竖井内通长焊接明敷。

4.2.4.3 接地体识图

从防雷接地设计说明（图号DQ5-01）、基础接地平面图（图4-35）了解到，本项目利用建筑物独立基础或桩基底两组ϕ16主筋（无独立基础或桩基处，敷设一条−40×4热镀锌扁钢，埋深0.8m，其做法参见国标图集《建筑物防雷设施安装》15D501有关页次）连通焊接成电气闭合通路，两组钢筋间通过间距3m的箍筋搭接焊接连通。

4.2.4.4 均压环识图

从防雷接地设计说明（图号DQ5-01）了解到，本项目利用楼层外墙圈梁或楼板内两条主筋通长焊接成闭合的钢筋网作为均压环，均压环纵横相交处应焊接。本项目在三层设置一圈均压环。

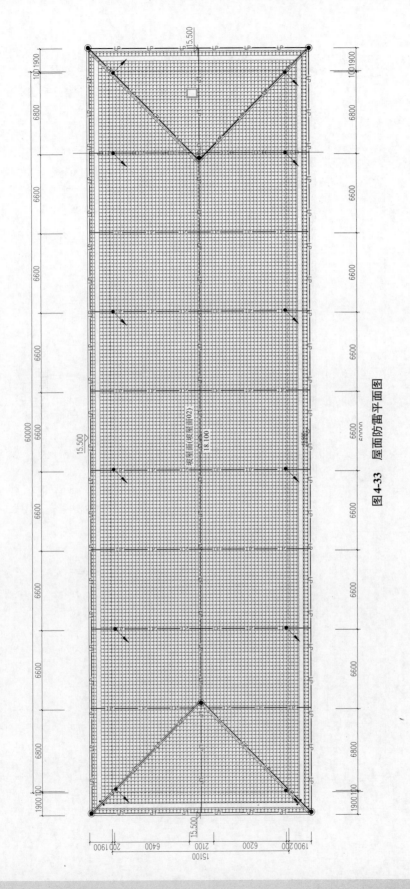

图 4-33 屋面防雷平面图

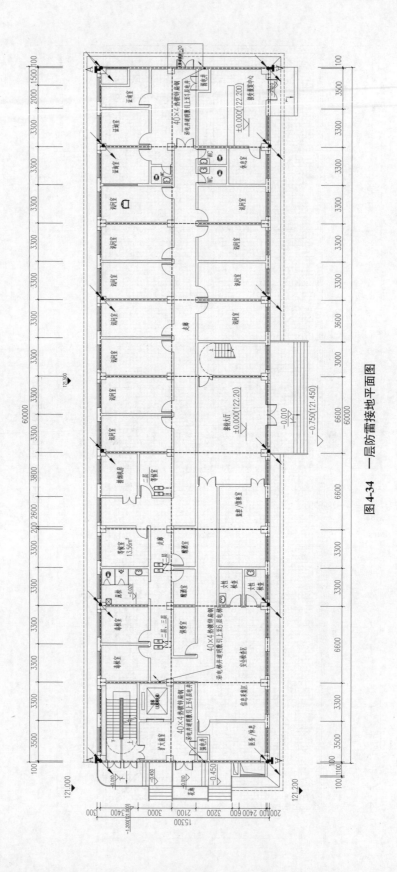

图4-34 一层防雷接地平面图

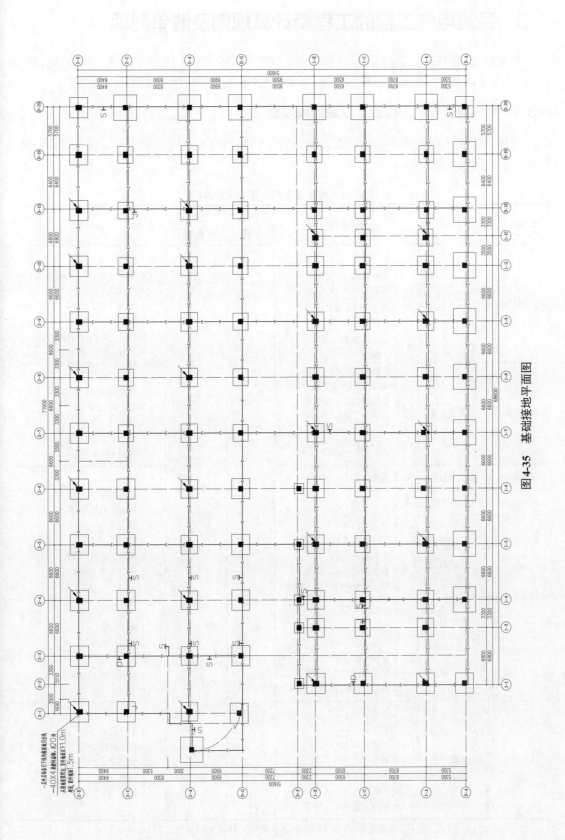

图4-35 基础接地平面图

4.3 建筑电气工程的工程量计算规则及清单列项

本节以《通用安装工程工程量计算规范》（GB 50856—2013）（以下简称"2013国标清单规范"）附录D电气设备安装工程为依据，学习建筑电气工程的计量规则及清单列项。

4.3.1 电气设备安装工程的工程量计算规则

变压器安装工程量清单项目设置、项目特征描述的内容、计量单位及工程量计算规则，应按表4-13的规定执行。

表 4-13　变压器安装（编码 030401）

项目编码	项目名称	项目特征	计量单位	工程量计算规则	工作内容
030401001	油浸电力变压器	1.名称 2.型号 3.容量（kV·A） 4.电压（kV） 5.油过滤要求 6.干燥要求			1.本体安装 2.基础型钢制作、安装 3.油过滤 4.干燥 5.接地 6.网门、保护门制作、安装 7.补刷（喷）油漆
030401002	干式变压器	7.基础型钢形式、规格 8.网门、保护门材质、规格 9.温控箱型号、规格			1.本体安装 2.基础型钢制作、安装 3.温控箱安装 4.接地 5.网门、保护门制作、安装 6.补刷（喷）油漆
030401003	整流变压器	1.名称 2.型号 3.容量（kV·A） 4.电压（kV） 5.油过滤要求 6.干燥要求 7.基础型钢形式、规格 8.网门、保护门材质、规格	台	按设计图示数量计算	1.本体安装 2.基础型钢制作、安装 3.油过滤 4.干燥 5.网门、保护门制作、安装 6.补刷（喷）油漆
030401004	自耦变压器				
030401005	有载调压变压器				
030401006	电炉变压器	1.名称 2.型号 3.容量（kV·A） 4.电压（kV） 5.基础型钢形式、规格 6.网门、保护门材质、规格			1.本体安装 2.基础型钢制作、安装 3.网门、保护门制作、安装 4.补刷（喷）油漆
030401007	消弧线圈	1.名称 2.型号 3.容量（kV·A） 4.电压（kV） 5.油过滤要求 6.干燥要求 7.基础型钢形式、规格			1.本体安装 2.基础型钢制作、安装 3.油过滤 4.干燥 5.补刷（喷）油漆

注：变压器油如需试验、化验、色谱分析，应按2013国标清单规范附录N措施项目相关项目编码列项。

配电装置安装工程量清单项目设置、项目特征描述的内容、计量单位及工程量计算规则，应按表4-14的规定执行。

表4-14 配电装置安装（编码 030402）

项目编码	项目名称	项目特征	计量单位	工程量计算规则	工作内容
030402001	油断路器	1. 名称 2. 型号 3. 容量（A） 4. 电压等级（kV） 5. 安装条件 6. 操作机构名称及型号 7. 基础型钢规格 8. 接线材质、规格 9. 安装部位 10. 油过滤要求	台	按设计图示数量计算	1. 本体安装、调试 2. 基础型钢制作、安装 3. 油过滤 4. 补刷（喷）油漆 5. 接地
030402002	真空断路器				
030402003	SF₆断路器				1. 本体安装、调试 2. 基础型钢制作、安装 3. 补刷（喷）油漆 4. 接地
030402004	空气断路器	1. 名称 2. 型号 3. 容量（A） 4. 电压等级（kV） 5. 安装条件 6. 操作机构名称及型号 7. 接线材质、规格 8. 安装部位			1. 本体安装、调试 2. 补刷（喷）油漆 3. 接地
030402005	真空接触器				
030402006	隔离开关		组		
030402007	负荷开关				
030402008	互感器	1. 名称 2. 型号 3. 规格 4. 类型 5. 油过滤要求	台		1. 本体安装、调试 2. 干燥 3. 油过滤 4. 接地
030402009	高压熔断器	1. 名称 2. 型号 3. 规格 4. 安装部位			1. 本体安装、调试 2. 接地
0304020010	避雷器	1. 名称 2. 型号 3. 规格 4. 电压等级 5. 安装部位	组		1. 本体安装 2. 接地
0304020011	干式电抗器	1. 名称 2. 型号 3. 规格 4. 质量 5. 安装部位 6. 干燥要求			1. 本体安装 2. 干燥
0304020012	油浸电抗器	1. 名称 2. 型号 3. 规格 4. 容量（kV·A） 5. 油过滤要求 6. 干燥要求	台		1. 本体安装 2. 油过滤 3. 干燥

项目编码	项目名称	项目特征	计量单位	工程量计算规则	工作内容
030402013	移相及串联电容器	1.名称 2.型号 3.规格 4.质量 5.安装部位	个	按设计图示数量计算	1.本体安装、调试 2.接地
030402014	集合式并联电容器				
030402015	并联补偿电容器组架	1.名称 2.型号 3.规格 4.结构形式	台		
030402016	交流滤波装置组架	1.名称 2.型号 3.规格			
030402017	高压成套配电柜	1.名称 2.型号 3.规格 4.母线配置方式 5.种类 6.基础型钢形式、规格			1.本体安装 2.基础型钢制作、安装 3.补刷（喷）油漆 4.接地
030402018	组合型成套箱式变电站	1.名称 2.型号 3.容量（kV·A） 4.电压（kV） 5.组合形式 6.基础规格、浇筑材质			1.本体安装 2.基础浇筑 3.进箱母线安装 4.补刷（喷）油漆 5.接地

注：1.空气断路器的储气罐及储气罐至断路器的管路，应按2013国标清单规范附录H工业管道工程相关项目编码列项。

2.干式电抗器项目适用于混凝土电抗器、铁芯干式电抗器、空心干式电抗器等。

3.设备安装未包括地脚螺栓、浇注（二次灌浆、抹面），如需安装，应按现行国家标准《房屋建筑与装饰工程工程量计算规范》（GB 50854）相关项目编码列项。

母线安装工程量清单项目设置、项目特征描述的内容、计量单位及工程量计算规则，应按表4-15的规定执行。

表4-15　母线安装（编码 030403）

项目编码	项目名称	项目特征	计量单位	工程量计算规则	工作内容
030403001	软母线	1.名称 2.材质 3.型号 4.规格 5.绝缘子类型、规格	m	按设计图示尺寸，以单相长度计算（含预留长度）	1.母线安装 2.绝缘子耐压试验 3.跳线安装 4.绝缘子安装
030403002	组合软母线				

项目编码	项目名称	项目特征	计量单位	工程量计算规则	工作内容
030403003	带形母线	1.名称 2.型号 3.规格 4.材质 5.绝缘子类型、规格 6.穿墙套管材质、规格 7.穿通板材质、规格 8.母线桥材质、规格 9.引下线材质、规格 10.伸缩节、过渡板材质、规格 11.分相漆品种	m	按设计图示尺寸,以单相长度计算(含预留长度)	1.母线安装 2.穿通板制作、安装 3.支持绝缘子、穿墙套管的耐压试验、安装 4.引下线安装 5.伸缩节安装 6.过渡板安装 7.刷分相漆
030403004	槽形母线	1.名称 2.型号 3.规格 4.材质 5.连接设备名称、规格 6.分相漆品种			1.母线制作、安装 2.与发电机、变压器连接 3.与断路器、隔离开关连接 4.刷分相漆
030403005	共箱母线	1.名称 2.型号 3.规格 4.材质		按设计图示尺寸,以中心线长度计算	1.母线安装 2.补刷(喷)油漆
030403006	低压封闭式插接母线槽	1.名称 2.型号 3.规格 4.容量(A) 5.线制 6.安装部位			
030403007	始端箱、分线箱	1.名称 2.型号 3.规格 4.容量(A)	台	按设计图示数量计算	1.本体安装 2.补刷(喷)油漆
030403008	重型母线	1.名称 2.型号 3.规格 4.容量(A) 5.材质 6.绝缘子类型、规格 7.伸缩器及导板规格	t	按设计图示尺寸,以质量计算	1.母线制作、安装 2.伸缩器及导板制作、安装 3.支持绝缘子安装 4.补刷(喷)油漆

注:1.软母线安装预留长度见表4-27。

2.硬母线配置安装预留长度见表4-28。

控制设备及低压电器安装工程量清单项目设置、项目特征描述的内容、计量单位及工程量计算规则,应按表4-16的规定执行。

表 4-16　控制设备及低压电器安装（编码 030404）

项目编码	项目名称	项目特征	计量单位	工程量计算规则	工作内容
030404001	控制屏	1.名称 2.型号 3.规格 4.种类 5.基础型钢形式、规格 6.接线端子材质、规格 7.端子板外部接线材质、规格 8.小母线材质、规格 9.屏边规格	台	按设计图示数量计算	1.本体安装 2.基础型钢制作、安装 3.端子板安装 4.焊、压接线端子 5.盘柜配线、端子接线 6.小母线安装 7.屏边安装 8.补刷（喷）油漆 9.接地
030404002	继电、信号屏				
030404003	模拟屏				
030404004	低压开关柜（屏）				1.本体安装 2.基础型钢制作、安装 3.端子板安装 4.焊、压接线端子 5.盘柜配线、端子接线 6.屏边安装 7.补刷（喷）油漆 8.接地
030404005	弱电控制返回屏				1.本体安装 2.基础型钢制作、安装 3.端子板安装 4.焊、压接线端子 5.盘柜配线、端子接线 6.小母线安装 7.屏边安装 8.补刷（喷）油漆 9.接地
030404006	箱式配电室	1.名称 2.型号 3.规格 4.质量 5.基础规格、浇筑材质 6.基础型钢形式、规格	套		1.本体安装 2.基础型钢制作、安装 3.基础浇筑 4.补刷（喷）油漆 5.接地
030404007	硅整流柜	1.名称 2.型号 3.规格 4.容量（A） 5.基础型钢形式、规格	台		1.本体安装 2.基础型钢制作、安装 3.补刷（喷）油漆 4.接地
030404008	可控硅柜	1.名称 2.型号 3.规格 4.容量（kW） 5.基础型钢形式、规格	台		1.本体安装 2.基础型钢制作、安装 3.补刷（喷）油漆 4.接地

项目编码	项目名称	项目特征	计量单位	工程量计算规则	工作内容
030404009	低压电容器柜				
030404010	自动调节励磁屏	1.名称 2.型号 3.规格 4.基础型钢形式、规格 5.接线端子材质、规格 6.端子板外部接线材质、规格 7.小母线材质、规格 8.屏边规格			1.本体安装 2.基础型钢制作、安装 3.端子板安装 4.焊、压接线端子 5.盘柜配线、端子接线 6.小母线安装 7.屏边安装 8.补刷（喷）油漆 9.接地
030404011	励磁灭磁屏				
030404012	蓄电池屏（柜）				
030404013	直流馈电屏				
030404014	事故照明切换屏				
030404015	控制台	1.名称 2.型号 3.规格 4.基础型钢形式、规格 5.接线端子材质、规格 6.端子板外部接线材质、规格 7.小母线材质、规格	台	按设计图示数量计算	1.本体安装 2.基础型钢制作、安装 3.端子板安装 4.焊、压接线端子 5.盘柜配线、端子接线 6.小母线安装 7.补刷（喷）油漆 8.接地
030404016	控制箱	1.名称 2.型号 3.规格 4.基础形式、材质、规格 5.接线端子材质、规格 6.端子板外部接线材质、规格 7.安装方式			1.本体安装 2.基础型钢制作、安装 3.焊、压接线端子 4.补刷（喷）油漆 5.接地
030404017	配电箱				
030404018	插座箱	1.名称 2.型号 3.规格 4.安装方式			1.本体安装 2.接地
030404019	控制开关	1.名称 2.型号 3.规格 4.接线端子材质、规格 5.额定电流（A）	个		1.本体安装 2.焊、压接线端子 3.接线

项目编码	项目名称	项目特征	计量单位	工程量计算规则	工作内容
030404020	低压熔断器	1.名称 2.型号 3.规格 4.接线端子材质、规格	个	按设计图示数量计算	1.本体安装 2.焊、压接线端子 3.接线
030404021	限位开关				
030404022	控制器		台		
030404023	接触器				
030404024	磁力启动器				
030404025	Y-△自耦减压启动器				
030404026	电磁铁（电磁制动器）				
030404027	快速自动开关				
030404028	电阻器		箱		
030404029	油浸频敏变阻器		台		
030404030	分流器	1.名称 2.型号 3.规格 4.容量（A） 5.接线端子材质、规格	个		
030404031	小电器	1.名称 2.型号 3.规格 4.接线端子材质、规格	个 （套、台）		
030404032	端子箱	1.名称 2.型号 3.规格 4.安装部位	台		1.本体安装 2.接线
030404033	风扇	1.名称 2.型号 3.规格 4.安装方式			1.本体安装 2.调速开关安装
030404034	照明开关	1.名称 2.材质 3.规格 4.安装方式	个		1.本体安装 2.接线
030404035	插座				
030404036	其他电器	1.名称 2.规格 3.安装方式	个 （套、台）		1.安装 2.接线

注：1.控制开关包括：自动空气开关、刀型开关、铁壳开关、胶盖刀闸开关、组合控制开关、万能转换开关、风机盘管三速开关、漏电保护开关等。

2.小电器包括：按钮、电笛、电铃、水位电气信号装置、测量表计、继电器、电磁锁、屏上辅助设备、辅助电压互感器、小型安全变压器等。

3.其他电器安装指：本节未列的电器项目。

4.其他电器必须根据电器实际名称确定项目名称，明确描述工作内容、项目特征、计量单位、计算规则。

5.盘、箱、柜的外部进出电线预留长度见表4-29。

蓄电池安装工程量清单项目设置、项目特征描述的内容、计量单位及工程量计算规则，应按表4-17的规定执行。

表 4-17 蓄电池安装（编码 030405）

项目编码	项目名称	项目特征	计量单位	工程量计算规则	工作内容
030405001	蓄电池	1.名称 2.型号 3.容量（A·h） 4.防震支架形式、材质 5.充放电要求	个（组、件）	按设计图示数量计算	1.本体安装 2.防震支架安装 3.充放电
030405002	太阳能电池	1.名称 2.型号 3.规格 4.容量 5.安装方式	组		1.安装 2.电池方阵铁架安装 3.联调

电机检查接线及调试工程量清单项目设置、项目特征描述的内容、计量单位及工程量计算规则，应按表4-18的规定执行。

表 4-18 电机检查接线及调试（编码 030406）

项目编码	项目名称	项目特征	计量单位	工程量计算规则	工作内容
030406001	发电机	1.名称 2.型号 3.容量（kW） 4.接线端子材质、规格 5.干燥要求	台	按设计图示数量计算	1.检查接线 2.接地 3.干燥 4.调试
030406002	调相机				
030406003	普通小型直流电动机				
030406004	可控硅调速直流电动机	1.名称 2.型号 3.容量（kW） 4.类型 5.接线端子材质、规格 6.干燥要求			
030406005	普通交流同步电动机	1.名称 2.型号 3.容量（kW） 4.启动方式 5.电压等级（kV） 6.接线端子材质、规格 7.干燥要求			
030406006	低压交流异步电动机	1.名称 2.型号 3.容量（kW） 4.控制保护方式 5.接线端子材质、规格 6.干燥要求			

项目编码	项目名称	项目特征	计量单位	工程量计算规则	工作内容
030406007	高压交流异步电动机	1.名称 2.型号 3.容量（kW） 4.保护类别 5.接线端子材质、规格 6.干燥要求	台	按设计图示数量计算	1.检查接线 2.接地 3.干燥 4.调试
030406008	交流变频调速电动机	1.名称 2.型号 3.容量（kW） 4.类别 5.接线端子材质、规格 6.干燥要求			
030406009	微型电机、电加热器	1.名称 2.型号 3.规格 4.接线端子材质、规格 5.干燥要求			
030406010	电动机组	1.名称 2.型号 3.电动机台数 4.联锁台数 5.接线端子材质、规格 6.干燥要求	组		
030406011	备用励磁机组	1.名称 2.型号 3.接线端子材质、规格 4.干燥要求			
030406012	励磁电阻器	1.名称 2.型号 3.规格 4.接线端子材质、规格 5.干燥要求	台		1.本体安装 2.检查接线 3.干燥

注：1.可控硅调速直流电动机类型，指一般可控硅调速直流电动机、全数字式控制可控硅调速直流电动机。

2.交流变频调速电动机类型，指交流同步变频电动机、交流异步变频电动机。

3.电动机按其质量划分为大、中、小型：3t以下为小型，3～30t为中型，30t以上为大型。

　　滑触线装置安装工程量清单项目设置、项目特征描述的内容、计量单位及工程量计算规则，应按表4-19的规定执行。

表 4-19 滑触线装置安装（编码 030407）

项目编码	项目名称	项目特征	计量单位	工程量计算规则	工作内容
030407001	滑触线	1.名称 2.型号 3.规格 4.材质 5.支架形式、材质 6.移动软电缆材质、规格、安装部位 7.拉紧装置类型 8.伸缩接头材质、规格	m	按设计图示尺寸，以单相长度计算（含预留长度）	1.滑触线安装 2.滑触线支架制作、安装 3.拉紧装置及挂式支持器制作、安装 4.移动软电缆安装 5.伸缩接头制作、安装

注：1.支架基础铁件及螺栓是否浇注需说明。
2.滑触线安装预留长度见表4-30。

电缆安装工程量清单项目设置、项目特征描述的内容、计量单位及工程量计算规则，应按表4-20的规定执行。

表 4-20 电缆安装（编码 030408）

项目编码	项目名称	项目特征	计量单位	工程量计算规则	工作内容
030408001	电力电缆	1.名称 2.型号 3.规格 4.材质 5.敷设方式、部位 6.电压等级（kV） 7.地形	m	按设计图示尺寸，以长度计算（含预留长度及附加长度）	1.电缆敷设 2.揭（盖）盖板
030408002	控制电缆				
030408003	电缆保护管	1.名称 2.材质 3.规格 4.敷设方式			保护管敷设
030408004	电缆槽盒	1.名称 2.材质 3.规格 4.型号		按设计图示尺寸，以长度计算	槽盒安装
030408005	铺砂、盖保护板（砖）	1.种类 2.规格			1.铺砂 2.盖板（砖）
030408006	电力电缆头	1.名称 2.型号 3.规格 4.材质、类型 5.安装部位 6.电压等级（kV）	个	按设计图示数量计算	1.电力电缆头制作 2.电力电缆头安装 3.接地

项目编码	项目名称	项目特征	计量单位	工程量计算规则	工作内容
030408007	控制电缆头	1.名称 2.型号 3.规格 4.材质、类型 5.安装方式	个	按设计图示数量计算	1.电力电缆头制作 2.电力电缆头安装 3.接地
030408008	防火堵洞		处	按设计图示数量计算	安装
030408009	防火隔板	1.名称 2.材质 3.方式 4.部位	m²	按设计图示尺寸，以面积计算	安装
030408010	防火涂料		kg	按设计图示尺寸，以质量计算	安装
030408011	电缆分支箱	1.名称 2.型号 3.规格 4.基础形式、材质、规格	台	按设计图示数量计算	1.本体安装 2.基础制作、安装

注：1.电缆穿刺线夹按电缆头编码列项。

2.电缆井、电缆排管、顶管，应按现行国家标准《市政工程工程量计算规范》（GB 50857—2013）相关项目编码列项。

3.电缆敷设预留长度及附加长度见表4-31。

防雷及接地装置工程量清单项目设置、项目特征描述的内容、计量单位及工程量计算规则，应按表4-21的规定执行。

表4-21　防雷及接地装置（编码 030409）

项目编码	项目名称	项目特征	计量单位	工程量计算规则	工作内容
030409001	接地极	1.名称 2.材质 3.规格 4.土质 5.基础接地形式	根（块）	按设计图示数量计算	1.接地极（板、桩）制作、安装 2.基础接地网安装 3.补刷（喷）油漆
030409002	接地母线	1.名称 2.材质 3.规格 4.安装部位 5.安装形式	m	按设计图示尺寸，以长度计算（含附加长度）	1.接地母线制作、安装 2.补刷（喷）油漆
030409003	避雷引下线	1.名称 2.材质 3.规格 4.安装部位 5.安装形式 6.断接卡子、箱材质、规格			1.避雷引下线制作、安装 2.断接卡子、箱制作、安装 3.利用主钢筋焊接 4.补刷（喷）油漆

项目编码	项目名称	项目特征	计量单位	工程量计算规则	工作内容
030409004	均压环	1.名称 2.材质 3.规格 4.安装形式	m	按设计图示尺寸，以长度计算（含附加长度）	1.均压环敷设 2.钢铝窗接地 3.柱主筋与圈梁焊接 4.利用圈梁钢筋焊接 5.补刷（喷）油漆
030409005	避雷网	1.名称 2.材质 3.规格 4.安装形式 5.混凝土块标号			1.避雷网制作、安装 2.跨接 3.混凝土块制作 4.补刷（喷）油漆
030409006	避雷针	1.名称 2.材质 3.规格 4.安装形式、高度	根	按设计图示数量计算	1.避雷针制作、安装 2.跨接 3.补刷（喷）油漆
030409007	半导体少长针消雷装置	1.型号 2.高度	套		本体安装
030409008	等电位端子箱、测试板	1.名称 2.材质 3.规格	台（块）		
030409009	绝缘垫		m²	按设计图示尺寸，以展开面积计算	1.制作 2.安装
030409010	浪涌保护器	1.名称 2.规格 3.安装形式 4.防雷等级	个	按设计图示数量计算	1.本体安装 2.接线 3.接地
030409011	降阻剂	1.名称 2.类型	kg	按设计图示，以质量计算	1.挖土 2.施放降阻剂 3.回填土 4.运输

注：1.利用桩基础作接地极，应描述桩台下桩的根数、每桩台下需焊接柱筋根数，其工程量按柱引下线计算；利用基础钢筋作接地极，按均压环项目编码列项。

2.利用柱筋作引下线的，需描述柱筋焊接根数。

3.利用圈梁筋作均压环的，需描述圈梁筋焊接根数。

4.使用电缆、电线作接地线，应按2013国标清单附录D.8、D.12相关项目编码列项。

5.接地母线、引下线、避雷网附加长度见表4-32。

10kV以下架空配电线路工程量清单项目设置、项目特征描述的内容、计量单位及工程量计算规则，应按表4-22的规定执行。

表 4-22　10kV 以下架空配电线路（编码 030410）

项目编码	项目名称	项目特征	计量单位	工程量计算规则	工作内容
030410001	电杆组立	1.名称 2.材质 3.规格 4.类型 5.地形 6.土质 7.底盘、拉盘、卡盘规格 8.拉线材质、规格、类型 9.现浇基础类型、钢筋类型、规格，基础垫层要求 10.电杆防腐要求	根（基）	按设计图示数量计算	1.施工定位 2.电杆组立 3.土（石）方挖填 4.底盘、拉盘、卡盘安装 5.电杆防腐 6.拉线制作、安装 7.现浇基础、基础垫层 8.工地运输
030410002	横担组装	1.名称 2.材质 3.规格 4.类型 5.电压等级（kV） 6.瓷瓶型号、规格 7.金具品种、规格	组	按设计图示数量计算	1.横担安装 2.瓷瓶、金具组装
030410003	导线架设	1.名称 2.型号 3.规格 4.地形 5.跨越类型	km	按设计图示尺寸以单线长度计算（含预留长度）	1.导线架设 2.导线跨越及进户线架设 3.工地运输
030410004	杆上设备	1.名称 2.型号 3.规格 4.电压等级（kV） 5.支撑架种类、规格 6.接线端子材质、规格 7.接地要求	台（组）	按设计图示数量计算	1.支撑架安装 2.本体安装 3.焊、压接线端子、接线 4.补刷（喷）油漆 5.接地

注：1.杆上设备调试，应按本附录 D.14 相关项目编码列项。
　　2.架空导线预留长度见表 4-33。

配管、配线工程量清单项目设置、项目特征描述的内容、计量单位及工程量计算规则，应按表 4-23 的规定执行。

表 4-23　配管、配线（编码 030411）

项目编码	项目名称	项目特征	计量单位	工程量计算规则	工作内容
030411001	配管	1.名称 2.材质 3.规格 4.配置形式 5.接地要求 6.钢索材质、规格	m	按设计图示尺寸，以长度计算	1.电线管路敷设 2.钢索架设（拉紧装置安装） 3.预留沟槽 4.接地
030411002	线槽	1.名称 2.材质 3.规格			1.本体安装 2.补刷（喷）油漆
030411003	桥架	1.名称 2.型号 3.规格 4.材质 5.类型 6.接地方式	m	按设计图示尺寸，以长度计算	1.本体安装 2.接地
030411004	配线	1.名称 2.配线形式 3.型号 4.规格 5.材质 6.配线部位 7.配线线制 8.钢索材质、规格		按设计图示尺寸，以单线长度计算（含预留长度）	1.配线 2.钢索架设（拉紧装置安装） 3.支持体（夹板、绝缘子、槽板等）安装
030411005	接线箱	1.名称 2.材质 3.规格 4.安装形式	个	按设计图示数量计算	本体安装
030411006	接线盒				

注：1.配管、线槽安装不扣除管路中间的接线箱（盒）、灯头盒、开关盒所占长度。

2.配管名称指电线管、钢管、防爆管、塑料管、软管、波纹管等。

3.配管配置形式指明配、暗配、吊顶内、钢结构支架、钢索配管、埋地敷设、水下敷设、砌筑沟内敷设等。

4.配线名称指管内穿线、瓷夹板配线、塑料夹板配线、绝缘子配线、槽板配线、塑料护套配线、线槽配线、车间带形母线等。

5.配线形式指照明线路，动力线路，木结构、顶棚内，砖、混凝土结构，沿支架、钢索、屋架、梁、柱、墙，以及跨屋架、梁、柱。

6.配线保护管遇到下列情况之一时，应增设管路接线盒和拉线盒：①管长度每超过30m，无弯曲；②管长度每超过20m，有1个弯曲；③管长度每超过15m，有2个弯曲；④管长度每超过8m，有3个弯曲。垂直敷设的电线保护管遇到下列情况之一时，应增设固定导线用的拉线盒：①管内导线截面为50mm²及以下，长度每超过30m；②管内导线截面为70～95mm²，长度每超过20m；③管内导线截面为120～240mm²，长度每超过18m。在配管清单项目计量时，设计无要求时上述规定可以作为计量接线盒、拉线盒的依据。

7.配管安装中不包括凿槽、刨沟，应按2013国标清单附录D.13相关项目编码列项。

8.配线进入箱、柜、板的预留长度见表4-34。

照明器具安装工程量清单项目设置、项目特征描述的内容、计量单位及工程量计算规则，应按表4-24的规定执行。

表 4-24 照明器具安装（编码 030412）

项目编码	项目名称	项目特征	计量单位	工程量计算规则	工作内容
030412001	普通灯具	1.名称 2.型号 3.规格 4.类型	套	按设计图示数量计算	本体安装
030412002	工厂灯	1.名称 2.型号 3.规格 4.安装形式	套	按设计图示数量计算	本体安装
030412003	高度标志（障碍）灯	1.名称 2.型号 3.规格 4.安装部位 5.安装高度	套	按设计图示数量计算	本体安装
030412004	装饰灯	1.名称 2.型号 3.规格 4.安装形式	套	按设计图示数量计算	本体安装
030412005	荧光灯	1.名称 2.型号 3.规格 4.安装形式	套	按设计图示数量计算	本体安装
030412006	医疗专用灯	1.名称 2.型号 3.规格	套	按设计图示数量计算	本体安装
030412007	一般路灯	1.名称 2.型号 3.规格 4.灯杆材质、规格 5.灯架形式及臂长 6.附件配置要求 7.灯杆形式（单、双） 8.基础形式、砂浆配合比 9.杆座材质、规格 10.接线端子材质、规格 11.编号 12.接地要求	套	按设计图示数量计算	1.基础制作、安装 2.立灯杆 3.杆座安装 4.灯架及灯具附件安装 5.焊、压接线端子 6.补刷（喷）油漆 7.灯杆编号 8.接地
030412008	中杆灯	1.名称 2.灯杆的材质及高度 3.灯架的型号、规格 4.附件配置 5.光源数量 6.基础形式、浇筑材质 7.杆座材质、规格 8.接线端子材质、规格 9.铁构件规格 10.编号 11.灌浆配合比 12.接地要求	套	按设计图示数量计算	1.基础浇筑 2.立灯杆 3.杆座安装 4.灯架及灯具附件安装 5.焊、压接线端子 6.铁构件安装 7.补刷（喷）油漆 8.灯杆编号 9.接地

项目编码	项目名称	项目特征	计量单位	工程量计算规则	工作内容
030412009	高杆灯	1.名称 2.灯杆高度 3.灯架形式（成套或组装、固定或升降） 4.附件配置 5.光源数量 6.基础形式、浇筑材质 7.杆座材质、规格 8.接线端子材质、规格 9.铁构件规格 10.编号 11.灌浆配合比 12.接地要求	套	按设计图示数量计算	1.基础浇筑 2.立灯杆 3.杆座安装 4.灯架及灯具附件安装 5.焊、压接线端子 6.铁构件安装 7.补刷（喷）油漆 8.灯杆编号 9.升降机构接线调试 10.接地
030412010	桥栏杆灯	1.名称 2.型号 3.规格 4.安装形式			1.灯具安装 2.补刷（喷）油漆
030412011	地道涵洞灯				

注：1.普通灯具包括圆球吸顶灯、半圆球吸顶灯、方形吸顶灯、软线吊灯、座灯头、吊链灯、防水吊灯、壁灯等。

2.工厂灯包括工厂罩灯、防水灯、防尘灯、碘钨灯、投光灯、泛光灯、混光灯、密闭灯等。

3.高度标志（障碍）灯包括烟囱标志灯、高塔标志灯、高层建筑屋顶障碍指示灯等。

4.装饰灯包括吊式艺术装饰灯、吸顶式艺术装饰灯、荧光艺术装饰灯、几何型组合艺术装饰灯、标志灯、诱导装饰灯、水下（上）艺术装饰灯、点光源艺术装饰灯、歌舞厅灯具、草坪灯具等。

5.医疗专用灯包括病房指示灯、病房暗脚灯、紫外线杀菌灯、无影灯等。

6.中杆灯是指安装在高度小于或等于19m的灯杆上的照明器具。

7.高杆灯是指安装在高度大于19m的灯杆上的照明器具。

附属工程工程量清单项目设置、项目特征描述的内容、计量单位及工程量计算规则，应按表4-25的规定执行。

表4-25　附属工程（编码030413）

项目编码	项目名称	项目特征	计量单位	工程量计算规则	工作内容
030413001	铁构件	1.名称 2.材质 3.规格	kg	按设计图示尺寸，以质量计算	1.制作 2.安装 3.补刷（喷）油漆
030413002	凿（压）槽	1.名称 2.规格 3.类型 4.填充（恢复）方式 5.混凝土标准	m	按设计图示尺寸，以长度计算	1.开槽 2.恢复处理
030413003	打洞（孔）	1.名称 2.规格 3.类型 4.填充（恢复）方式 5.混凝土标准	个	按设计图示数量计算	1.开孔、洞 2.恢复处理

项目编码	项目名称	项目特征	计量单位	工程量计算规则	工作内容
030413004	管道包封	1.名称 2.规格 3.混凝土强度等级	m	按设计图示长度计算	1.灌注 2.养护
030413005	人（手）孔砌筑	1.名称 2.规格 3.类型	个	按设计图示数量计算	砌筑
030413006	人（手）孔防水	1.名称 2.类型 3.规格 4.防水材质及做法	m²	按设计图示防水面积计算	防水

注：铁构件适用于电气工程的各种支架、铁构件的制作安装。

电气调整试验工程量清单项目设置、项目特征描述的内容、计量单位及工程量计算规则，应按表4-26的规定执行。

表 4-26　电气调整试验（编码 030414）

项目编码	项目名称	项目特征	计量单位	工程量计算规则	工作内容
030414001	电力变压器系统	1.名称 2.型号 3.容量（kV·A）	系统	按设计图示系统计算	系统调试
030414002	送配电装置系统	1.名称 2.型号 3.电压等级（kV） 4.类型			
030414003	特殊保护装置	1.名称 2.类型	台（套）	按设计图示数量计算	调试
030414004	自动投入装置		系统（台、套）		
030414005	中央信号装置	1.名称 2.类型	系统（台）		
030414006	事故照明切换装置				
030414007	不间断电源	1.名称 2.类型 3.容量	系统	按设计图示系统计算	
030414008	母线	1.名称 2.电压等级（kV）	段	按设计图示数量计算	
030414009	避雷器		组		
030414010	电容器				

项目编码	项目名称	项目特征	计量单位	工程量计算规则	工作内容
030414011	接地装置	1.名称 2.类别	1.系统 2.组	1.以系统计量，按设计图示系统算 2.以组计量，按设计图示数量计算	接地电阻测试
030414012	电抗器、消弧线圈		台		调试
030414013	电除尘器	1.名称 2.型号 3.规格	组	按设计图示数量计算	
030414014	硅整流设备、可控硅整流装置	1.名称 2.类别 3.电压（V） 4.电流（A）	系统	按设计图示系统计算	
030414015	电缆试验	1.名称 2.电压等级（kV）	次 （根、点）	按设计图示数量计算	试验

注：1.功率大于10kW电动机及发电机的启动调试用的蒸汽、电力和其他动力能源消耗及变压器空载试运转的电力消耗及设备需烘干处理，应说明。

2.配合机械设备及其他工艺的单体试车，应按2013国标清单规范附录N措施项目相关项目编码列项。

3.计算机系统调试应按2013国标清单规范附录F自动化控制仪表安装工程相关项目编码列项。

相关问题及说明如下：

（1）电气设备安装工程适用于10kV以下变配电设备及线路的安装工程、车间动力电气设备及电气照明、防雷及接地装置安装、配管配线、电气调试等。

（2）挖土、填土工程，应按现行国家标准《房屋建筑与装饰工程工程量计算规范》GB 50854相关项目编码列项。

（3）开挖路面，应按现行国家标准《市政工程工程量计算规范》GB 50857相关项目编码列项。

（4）过梁、墙、楼板的钢（塑料）套管，应按2013国标清单规范附录K给排水、采暖、燃气工程相关项目编码列项。

（5）除锈、刷漆（补刷漆除外）、保护层安装，应按2013国标清单规范附录M刷油、防腐蚀、绝热工程相关项目编码列项。

（6）由国家或地方检测验收部门进行的检测验收，应按2013国标清单规范附录N措施项目相关项目编码列项。

（7）预留长度及附加长度见表4-27～表4-34。

表4-27 软母线安装预留长度　　　　　　　　　　　　　　单位：m/根

项目	耐张	跳线	引下线、设备连接线
预留长度	2.5	0.8	0.6

表4-28 硬母线配置安装预留长度　　　　　　　　　　　　单位：m/根

序号	项目	预留长度	说明
1	带形、槽形母线终端	0.3	从最后一个支持点算起

序号	项目	预留长度	说明
2	带形、槽形母线与分支线连接	0.5	分支线预留
3	带形母线与设备连接	0.5	从设备端子接口算起
4	多片重型母线与设备连接	1.0	从设备端子接口算起
5	槽形母线与设备连接	0.5	从设备端子接口算起

表 4-29 盘、箱、柜的外部进出线预留长度　　　　单位：m/根

序号	项目	预留长度	说明
1	各种箱、柜、盘、板、盒	高+宽	盘面尺寸
2	单独安装的铁壳开关、自动开关、刀开关、启动器、箱式电阻器、变阻器	0.5	从安装对象中心算起
3	继电器、控制开关、信号灯、按钮、熔断器等小电器	0.3	从安装对象中心算起
4	分支接头	0.2	分支线预留

表 4-30 滑触线安装预留长度　　　　单位：m/根

序号	项目	预留长度	说明
1	圆钢、铜母线与设备连接	0.2	从设备接线端子接口算起
2	圆钢、铜滑触线终端	0.5	从最后一个固定点算起
3	角钢滑触线终端	1.0	从最后一个支持点算起
4	扁钢滑触线终端	1.3	从最后一个固定点算起
5	扁钢母线分支	0.5	分支线预留
6	扁钢母线与设备连接	0.5	从设备接线端子接口算起
7	轻轨滑触线终端	0.8	从最后一个支持点算起
8	安全节能及其他滑触线终端	0.5	从最后一个固定点算起

表 4-31 电缆敷设预留（附加）长度

序号	项目	预留（附加）长度	说明
1	电缆敷设弛度、波形弯度、交叉	2.5%	按电缆全长计算
2	电缆进入建筑物	2.0m	规范规定最小值
3	电缆进入沟内或吊架时引上（下）预留	1.5m	规范规定最小值
4	变电所进线、出线	1.5m	规范规定最小值
5	电力电缆终端头	1.5m	检修余量最小值
6	电缆中间接头盒	两端各留2.0m	检修余量最小值
7	电缆进控制、保护屏及模拟盘、配电箱等	高+宽	按盘面尺寸
8	高压开关柜及低压配电盘、箱	2.0m	盘下进出线

序号	项目	预留（附加）长度	说明
9	电缆至电动机	0.5m	从电动机接线盒算起
10	厂用变压器	3.0m	从地坪算起
11	电缆绕过梁柱等增加长度	按实计算	按被绕物的断面情况计算
12	电梯电缆与电缆架固定点	每处0.5m	规范规定最小值

表 4-32　接地母线、引下线、避雷网附加长度　　　　　单位：m/根

项目	附加长度	说明
接地母线、引下线、避雷网	3.9%	按接地母线、引下线、避雷网全长计算

表 4-33　架空导线预留长度　　　　　单位：m/根

项目		预留长度
高压	转角	2.5
	分支、终端	2.0
低压	分支、终端	0.5
	交叉跳线转角	1.5
与设备连线		0.5
进户线		2.5

表 4-34　配线进入箱、柜、板的预留长度　　　　　单位：m/根

序号	项目	预留长度	说明
1	各种开关箱、柜、板	高+宽	盘面尺寸
2	单独安装（无箱、盘）的铁壳开关、闸刀开关、启动器、线槽进出线盒等	0.3	从安装对象中心算起
3	由地面管子出口引至动力接线箱	1.0	从管口计算
4	电源与管内导线连接（管内穿线与软、硬母线接点）	1.5	从管口计算
5	出户线	1.5	从管口计算

4.3.2　照明配电系统清单列项

以×××派出所2#电气（设计）照明施工图的一层照明配电系统为例，照明配电系统清单列项如表4-35所示。

表 4-35　照明配电系统清单列项

序号	清单编号	项目名称	单位
1	030404017001	照明配电箱2AL1挂墙明装	台

序号	清单编号	项目名称	单位
2	030404017002	公共照明配电箱2ALG挂墙明装	台
3	030404017003	应急照明配电箱2ALE挂墙明装	台
4	030411001001	硬塑料导管暗敷PC16	m
5	030411001002	镀锌电线管JDG25	m
6	030413002001	线管刨沟槽及管沟槽恢复PC16	m
7	030413002002	线管刨沟槽及管沟槽恢复JDG25	m
8	030411004001	管内穿线WDZ-BYJ-3×2.5	m
9	030411004002	管内穿线WDZ-BYJ-3×4	m
10	030411004003	管内穿线WDZN-BYJ-2×2.5+WDZN-RVS-2×1.5	m
11	030412001001	吸顶灯PAK190302	套
12	030412001002	防水防尘吸顶灯	套
13	030412005001	单管荧光灯PAK311312	套
14	030412005002	双管荧光灯PAK311319	套
15	030412004001	疏散指示标志灯	套
16	030412004002	安全出口标志灯	套
17	030412004003	自带电源疏散照明灯	套
18	030404034001	单联单控开关	个
19	030404034002	双联单控开关	个
20	030404034003	三联单控开关	个
21	030404034004	延时自熄声控开关	个
22	030404035001	安全型插座	个
23	030404035002	洗衣机插座	个

4.3.3　动力配电系统清单列项

以×××派出所2#电气动力施工图的一层动力配电系统为例，动力配电系统清单列项如表4-36所示。

表4-36　动力配电系统清单列项

序号	清单编号	项目名称	单位
1	030404017001	空调配电箱2KAP1挂墙明装	台

序号	清单编号	项目名称	单位
2	030404017002	双电源排烟机控制箱2AT.PY挂墙明装，JXF系列配电箱（非标）	台
3	030404017003	双电源监控室配电箱2AT.JK嵌墙暗装	台
4	030411001001	硬塑料导管暗配PC20	m
5	030411001002	钢管暗配SC32	m
6	030413002001	线管刨沟槽及管沟槽恢复PC20	m
7	030413002002	线管刨沟槽及管沟槽恢复SC32	m
8	030411004001	管内穿线WDZ-BYJ-3×4	m
9	030411004002	管内配线WDZN-YJY-1kV-4×4	m
10	030404035001	壁挂式空调插座，～250V、16A，底边距地1.8m暗装	个
11	030404035002	柜式空调插座，～250V、16A，底边距地0.3m暗装	个
12	030408004001	防火金属电缆桥架，截面300mm×100mm	m
13	030406006001	低压交流异步电动机检查接线及调试3kW以内	台
14	030406006002	低压交流异步电动机检查接线及调试30kW以内	台
15	030404031	防火阀检查接线	台

4.3.4 防雷及接地装置清单列项

以×××派出所2#电气防雷施工图的防雷及接地装置清单列项如表4-37所示。

表4-37 防雷及接地装置清单列项

序号	清单编号	项目名称	单位
1	030409005001	避雷网制作与安装，φ12热镀锌圆钢	m
2	030409006001	避雷针安装，φ12热镀锌圆钢，高0.3m，安装在屋面阳角	根
3	030409003001	避雷引下线	m
4	030409002001	接地母线	m
5	030409008001	总等电位端子箱	台
6	030409008002	局部等电位端子箱	台
7	030409008003	接地电阻测试卡子	块
8	030414011001	接地装置测试	系统
9	030411001001	阻燃管PC25	m
10	030411004001	管内穿线BV-450/750V-1×35	m

4.4 BIM安装算量建模——建筑电气工程

本节将以×××派出所2#一层建筑电气工程为例，学习BIM安装算量建筑电气工程建模。

二维码4.1

4.4.1 照明配电系统建模

4.4.1.1 CAD图纸导入、CAD图纸分割

点击菜单栏的【工程】→【CAD图纸导入】命令，导入"2# 电气设计（照明）施工图"。为提升工作效率及缩减文件大小，需对图纸进行处理、分割。点击菜单栏的【工程】→【CAD图纸分割】命令，按命令提示框，框选一～四层照明平面图（图号DQ3-10～DQ3-13），在弹出的"图纸分割"提示框中进行分割，校核无误后，点击【确认】即可。

4.4.1.2 照明设备及电器

点击菜单栏上的【电气】专业，选择【提取设备】命令，根据命令栏提示，框选"照明设计说明及材料表"（图号DQ3-01）的图例表和"应急照明设计说明及材料表"（图号DQ3-02）的电气材料表2，如图4-36所示，弹出"转化图例表"窗口，根据图纸要求，设置设备及电器的安装高度，如排气扇应设为3.65m，设置完成后，点击【转化】即可。

二维码4.2

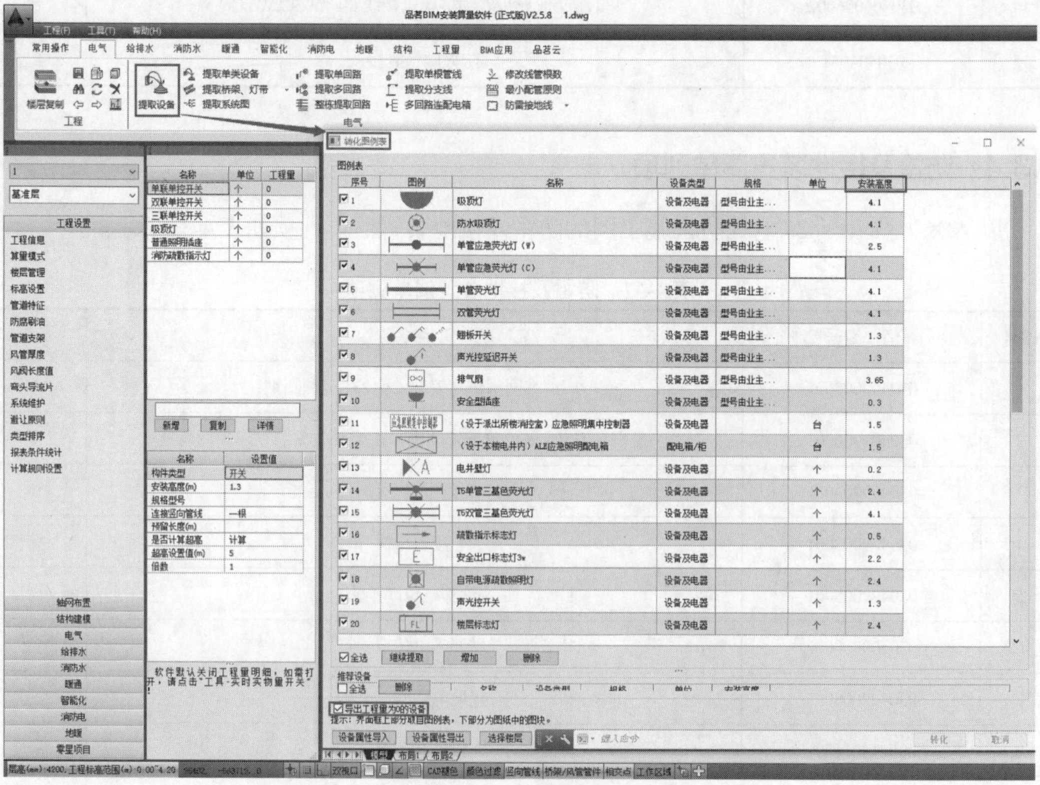

图4-36 转化图例表

（1）未提取设备及电器的处理 一般情况下，通过【提取设备】命令，软件都能将图纸

上的设备及电器提取并转化成功，但有些设备及电器在平面图上的图层与图例图层不一致，将会导致无法成功提取，还有一些设备及电器在平面图上的朝向与图例朝向不一致，即便提取并转化成功，但三维显示时会存在影响美观的问题。下面以"单联单控开关"为例，学习未提取设备及电器的处理。

点击中文工具栏【电气】专业，选择【设备及电器】，在构件列表栏选择"单联单控开关"，为了布置的设备及电器与图纸上的图例一致，点击菜单栏【电气】专业，选择【提取单类设备】命令，根据命令栏提示，选择②-1轴交②-A轴的医务/休息处的单联单控开关，鼠标右键确认后，框选一层照明平面图转化即可，如图4-37所示。其他设备及电器处理方法同。

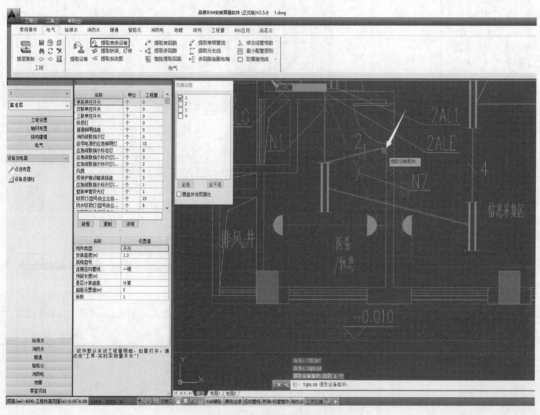

图4-37　单联单控开关的处理

（2）配电箱/柜　点击中文工具栏【电气】专业，选择【配电箱/柜】，根据一层照明平面图（图4-21、图4-22）要求，在构件列表栏新增"2ALG""2ALE""2AL1"配电箱，根据图纸，设置构件属性栏的安装高度、安装方式等，设置完成后，选择【提取单类设备】命令，根据命令栏提示，选择图纸强电井位置的2ALG、2ALE、2AL1配电箱，鼠标右键确认后，框选一层照明平面图转化即可。如图4-38所示。

二维码4.3

4.4.1.3　配电支线（回路）

以2#一层照明配电箱（图号DQ3-07、DQ3-10）2AL1中N1～N15共15支回路为例建模。

二维码4.4

（1）配线　点击中文工具栏【电气】专业，选择【电线】，在构件列表栏下点击【详情】命令，此时，弹出"构件属性定义"对话框，如图4-39所示。

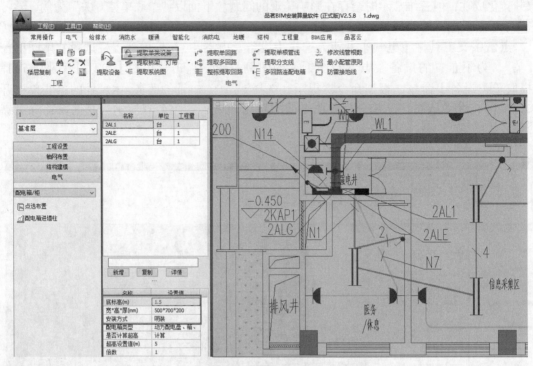

图4-38　提取配电箱/柜

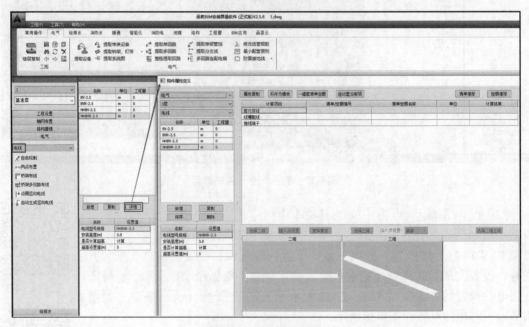

图4-39　构件属性定义

在【构件属性定义】窗口，点击【新增】，同时，在左下方的构件属性栏选择电线型号规格为"BYJ-2.5"，安装高度设置为4.13m（板厚100mm，管道保护层30mm）；电线"BYJ-

2.5"创建完成后，点击【复制】命令，在左上方的构件名称栏，将复制的"BYJ-2.5"名称改为"BYJ-4.0"，如图4-40所示。

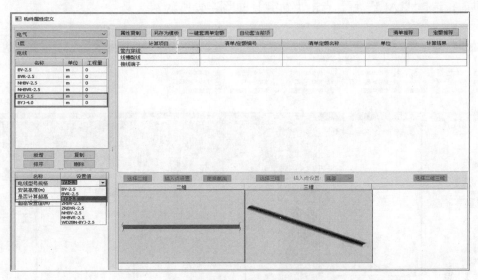

图4-40 新增配线

（2）配管 点击中文工具栏【电气】专业，选择【配管】，在构件列表栏下点击【详情】命令，此时，弹出"构件属性定义"对话框，同配线的方法新增"PC16""PC20"，同时，在构件属性栏将"PC16"和"PC20"的安装高度设置为4.13m（板厚100mm，管道保护层30mm），如图4-41所示。

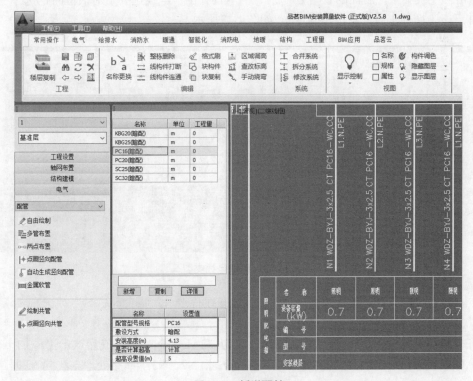

图4-41 新增配管

（3）电线配管　点击中文工具栏【电气】专业，选择【电线 ＊ 配管】，点击【新增】，在弹出的"构件定义"对话框，点击"配电箱"后面的省略号"…"，当软件弹出"配电箱/柜"对话框时，选择"2AL1"后，点击【确定】，如图4-42所示。

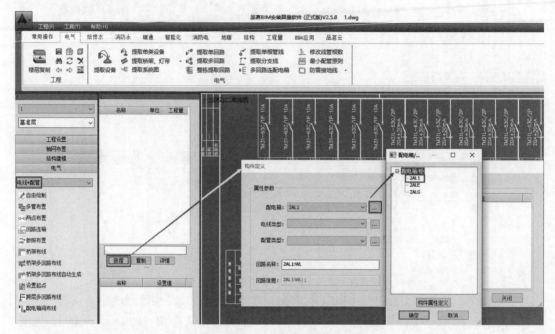

图4-42　新增配电箱

点击"电线类型"后面的省略号"…"，当软件弹出"电线选择"对话框时，选择"BYJ-2.5"并点击【增加】后，点击【确定】，如图4-43所示。

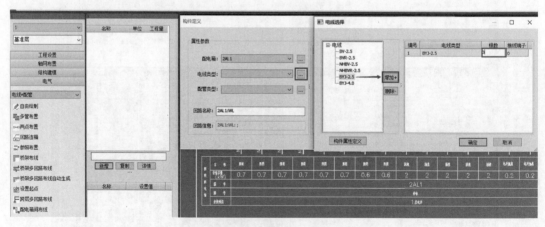

图4-43　新增电线类型

点击"配管类型"后面的省略号"…"，当软件弹出"配管选择"对话框时，选择"PC16"并点击【增加】后，点击【确定】。

将"构件定义"对话框的"回路名称"改为"2AL1：N1"，完成后点击【添加】命令，将"2AL1"的N1回路信息添加到【新增构件列表】，N2、N3等回路处理方法同N1回路，如图4-44所示。

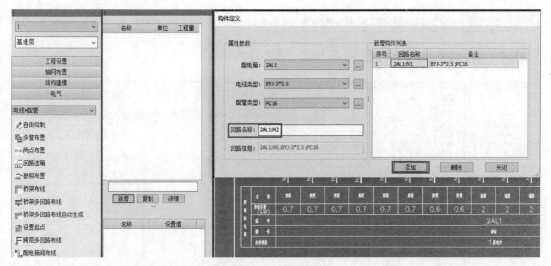

图 4-44　新增回路

构件列表栏选择回路"2AL1 : N1"，点击【复制】命令，创建回路至"2AL1 : N6"。对"2AL1 : N7"至"2AL1 : 15"回路创建方法同"2AL1 : N1"至"2AL1 : N6"回路，如图 4-45 所示。

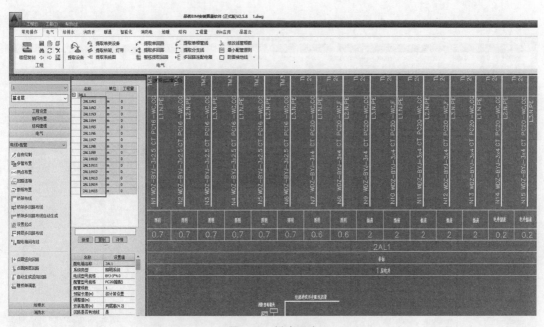

图 4-45　创建回路

（4）配电支线（回路）建模　点击中文工具栏【电气】专业，选择【电线★配管】，在构件列表栏选择相应回路如"2AL1 : N1"，同时，选择【自由绘制】命令，根据图纸绘制各回路，如图 4-46 所示。

（5）桥架布线　以 2AL1 : N2 回路为例，点击中文工具栏【电气】专业，选择【电线★配管】，同时，选择【桥架布线】命令，根据操作命令栏提示，起点从照明配电箱 2AL1 绘制至 2AL1 : N2 出桥架端，或从 2AL1 : N2 出桥架端沿桥架绘制至照明配电箱 2AL1，如图 4-47 所示。

二维码 4.5

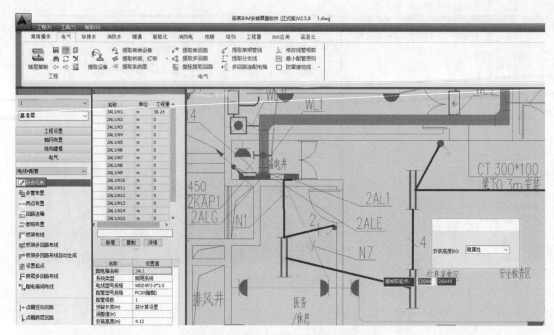

图4-46　配电支线（回路）建模

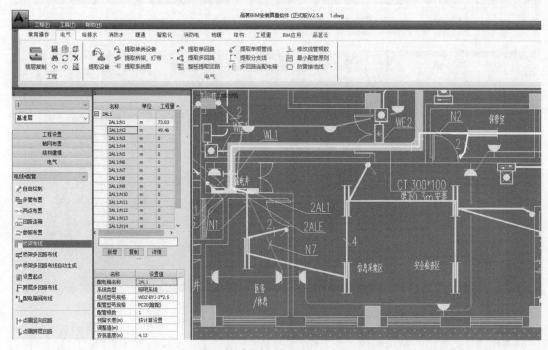

图4-47　桥架布线

点击菜单栏【常用操作】，选择【高度调整】命令，以2AL1：N2回路为例，如图4-48所示，根据命令栏提示，选择2AL1：N2回路桥架端至配电箱处线路后，右键确认，当弹出"高度调整"对话框时，根据图纸要求，将系统默认数值改为2.2，即配电箱底标高1.5m+配电箱高度0.7m，修改完成后点击【应用】，三维视图如图4-49所示。

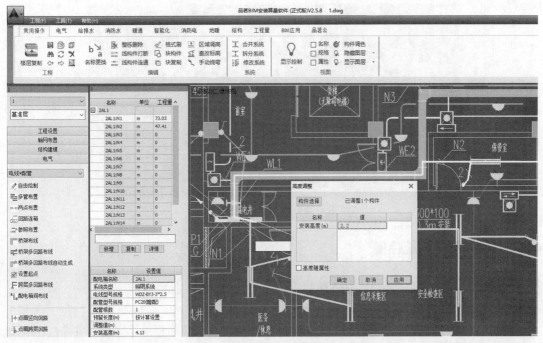

图 4-48　高度调整

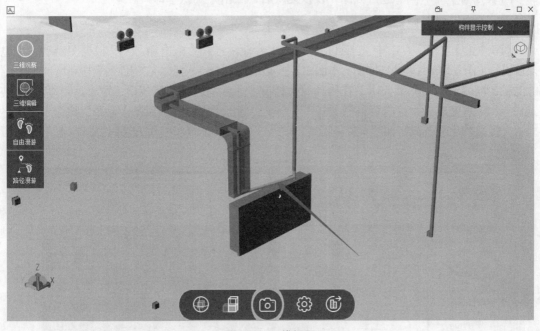

图 4-49　三维视图

4.4.1.4　照明配电系统套取清单、定额

同第 2 章 2.4 节生活给水系统。

4.4.1.5　照明配电系统可视化模型

如图 4-50 所示。

二维码 4.6

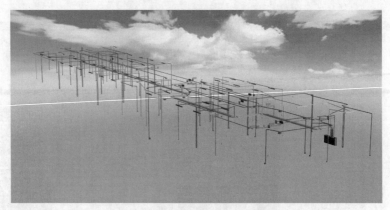

图4-50　照明配电系统可视化模型

4.4.2　动力配电系统建模

4.4.2.1　CAD图纸导入、CAD图纸分割

点击菜单栏的【工程】→【CAD图纸导入】命令，导入"2#电气动力施工图"。为提升工作效率及缩减文件大小，需对图纸进行处理、分割。点击菜单栏的【工程】→【CAD图纸分割】命令，按命令提示框，框选一～四层动力平面图（图号DQ2-11～DQ3-14），在弹出的"图纸分割"提示框中进行分割，校核无误后，点击【确认】即可。

4.4.2.2　动力设备及电器

（1）配电箱/柜　点击中文工具栏【电气】专业，选择【配电箱/柜】，根据图纸动力配电设计说明（图号DQ2-1）及一层动力平面图（图4-25、图4-26）信息，在构件列表栏新增"2KAP1"配电箱，同时，根据图纸要求，在构件属性栏设置底标高、配电箱规格（宽、高、厚）、安装方式等，设置完成后，点击菜单栏【电气】专业，选择【提取单类设备】命令，按命令提示栏提示，提取转化配电箱，如图4-51所示。2AT.PY、2AT.JK配电箱操作方法同2KAP1配电箱。

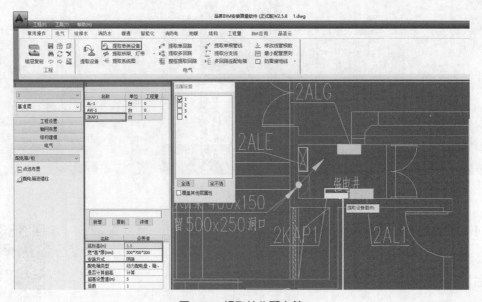

图4-51　提取转化配电箱

（2）插座　点击中文工具栏【电气】专业，选择【设备及电器】，在构件列表栏新增"柜式空调插座"，同时，在构件属性栏设置构件类型、安装高度、规格型号等，设置完成后，点击菜单栏【电气】专业，选择【提取单类设备】命令，根据命令栏提示，提取转化空调插座，如图4-52所示。壁挂式空调插座操作方法同柜式空调插座。

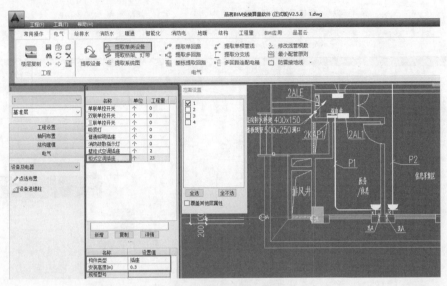

图4-52　提取转化空调插座

4.4.2.3　桥架

（1）桥架　点击菜单栏【电气】专业，选择【提取桥架、灯带】命令，根据图纸动力配电设计说明（图号DQ2-1）及一层动力平面图（图4-25、图4-26）要求，在弹出的"提取桥架"对话框中，设置桥架截面高度、安装高度、桥架类型等，设置完成后，提取桥架标注层及桥架线，完成后点击【确定】，如图4-53所示。

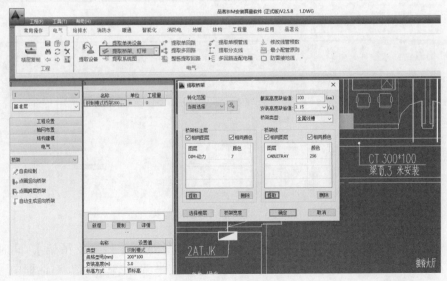

注：桥架类型选择金属桥架。

图4-53　提取桥架

（2）强电井端桥架　点击中文工具栏【电气】专业，选择【桥架】，选择【自由绘制】命令，根据命令栏提示，绘制强电井端桥架。如图4-54所示。

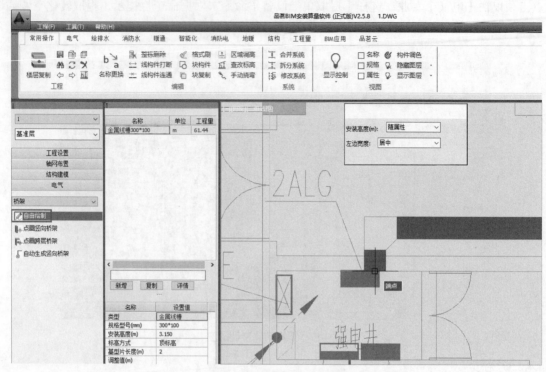

图4-54　绘制强电井端桥架

（3）桥架弯头。点击软件操作界面右侧编辑栏【构件闭合】命令，根据命令栏提示，选择将要连接的桥架后，鼠标右键点击确认，即可连接桥架并生成弯头。如图4-55所示。

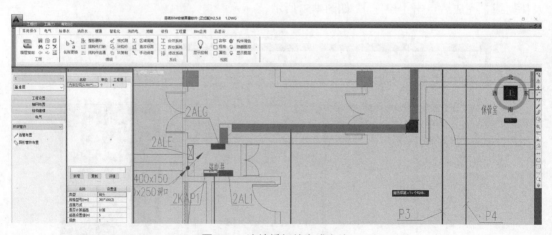

图4-55　连接桥架并生成弯头

（4）桥架支吊架。点击中文工具栏【电气】专业，选择【桥架支吊架】，同时，选择【选管布置】，根据图纸及规范要求，在弹出的"桥架支吊架-选管布置"对话框中，设置支架的起配距离、桥架支架间距等，设置完成后点击【确定】，根据命令栏提示，框选图纸上的桥架后，右键确认即可，如图4-56所示。

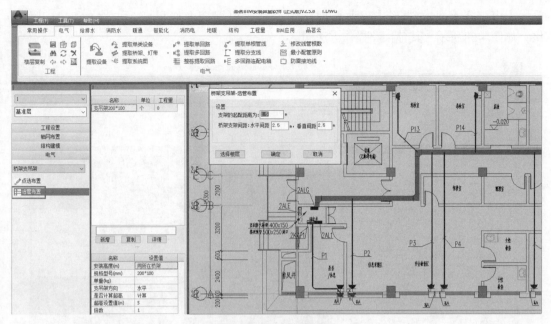

图4-56 桥架支吊架布置

4.4.2.4 配电支线（回路）

（1）提取配电回路信息 以2KAP1配电箱系统图（图4-27）P1～P25回路为例，点击菜单栏【电气】专业，选择【提取系统图】命令，根据命令栏提示，框选2KAP1配电箱系统图（图4-27）P1～P25回路信息，当软件弹出"电气系统图"对话框时，根据图纸信息核查无误后，点击【转化】，在【范围设置】选择相应楼层后，点击【确定】，开始转化回路信息。如图4-57所示。

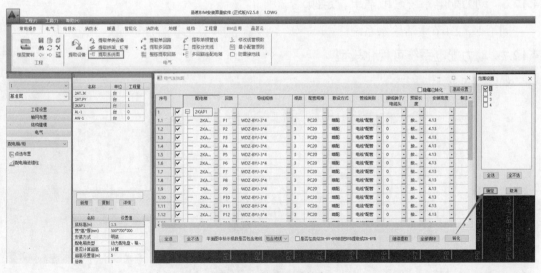

图4-57 转化回路信息

（2）配电回路转化 以2KAP1配电箱系统图（图4-27）P1回路为例，点击中文工具栏【电气】专业，选择【电线*配管】，同时，在构件列表栏选择"2KAP1：P1"回路，点击菜单栏【电气】专业，选择【提取单回路】命令，根据命令栏提示，点选P1回路开始转化，如图4-58所示。其他回路操作方法同。

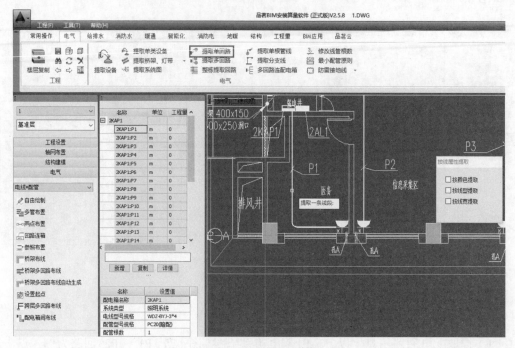

图4-58　配电回路转化

4.4.2.5　桥架布线。

同照明配电系统。

4.4.2.6　动力配电系统套取清单、定额

同第2章2.4节生活给水系统。

4.4.2.7　动力配电系统可视化模型

如图4-59所示。

图4-59　动力配电系统可视化模型

4.4.3 防雷及接地装置建模

4.4.3.1 CAD图纸导入、CAD图纸分割

点击菜单栏的【工程】→【CAD图纸导入】命令，导入"2#电气防雷施工图"。为提升工作效率及缩减文件大小，需对图纸进行处理、分割。点击菜单栏的【工程】→【CAD图纸分割】命令，按命令提示框，框选2#一层防雷接地平面图（图4-34）、2#屋面防雷平面图（图4-33），在弹出的"图纸分割"提示框中进行分割，校核无误后，点击【确认】即可。

4.4.3.2 防雷及接地装置建模

（1）引下线　点击中文工具栏【电气】专业，选择【防雷接地线】，在构件列表栏新增"引下线"，根据图纸要求，在构件属性栏设置"引下线"构件的截面形状、规格型号、安装高度等，如图4-60所示。

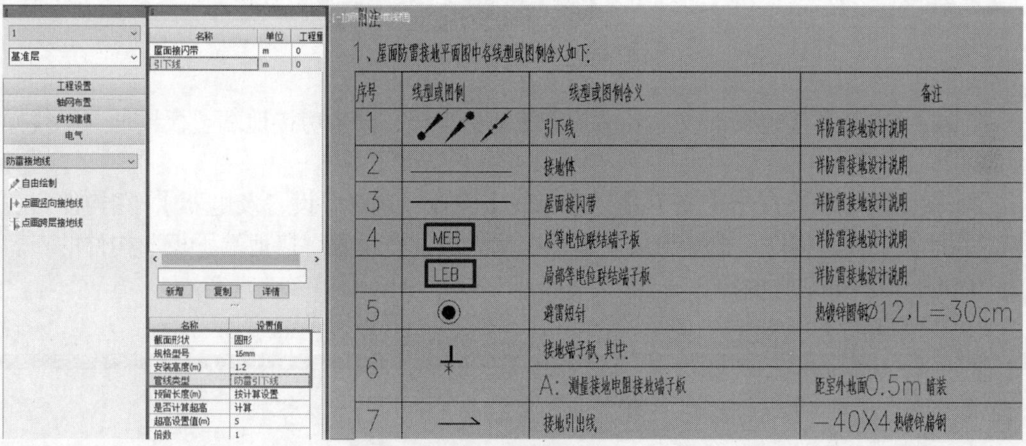

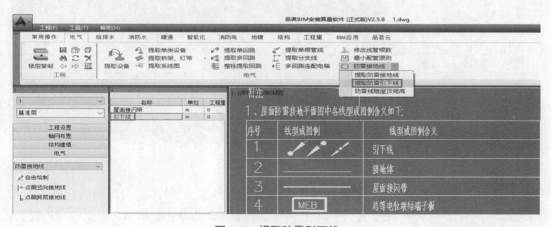

图4-60　设置引下线

点击菜单栏【电气】专业，点击【防雷接地线】命令，选择【提取防雷引下线】命令，如图4-61所示。根据命令提示栏提示提取图例，框选2#一层防雷接地平面图（图4-34），软件弹出"防雷引下线设置"对话框，根据图纸要求设置防雷引下线的顶标高、底标高及每处计算根数，设置完成后，点击【确定】即可，如图4-62所示。

图4-61　提取防雷引下线

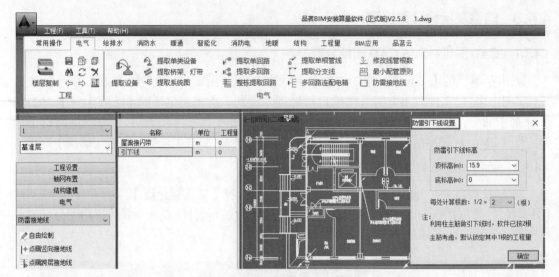

图4-62 防雷引下线设置

强（弱）电竖井接地引下线、电梯井道接地引下线、设备房接地端子板接地引下线操作方法同。

（2）接地端子板　点击中文工具栏【电气】专业，选择【设备及电器】，在构件列表栏新增"接地端子板"构件，根据图纸要求，在构件属性栏设置"接地端子板"构件的安装高度为-0.5m。如图4-63所示。

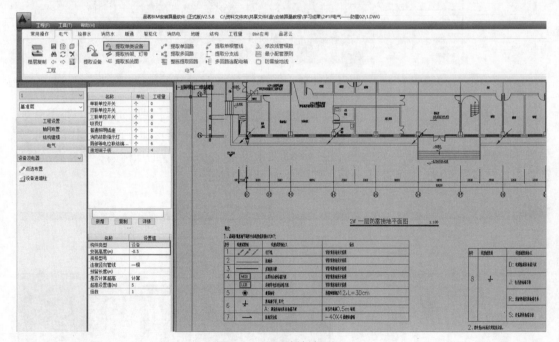

图4-63 设置接地端子板

点击中文工具栏【电气】专业，选择【设备及电器】，同时，在构件列表栏点击选择"接地端子板"，点击菜单栏【电气】专业，选择【提取单类设备】命令，根据命令栏提示，提取2#一层防雷接地平面图（图4-34）的接地端子板即可，如图4-64所示。

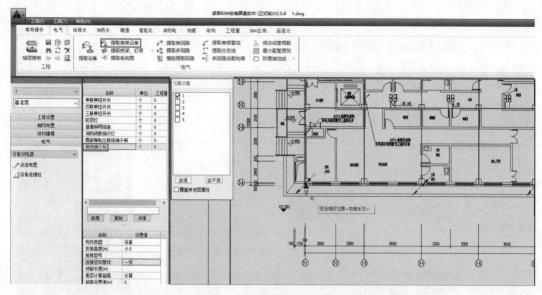

图4-64　提取2#一层防雷接地平面图的接地端子板

（3）等电位联结及接地端子板　点击中文工具栏【电气】专业，选择【设备及电器】，在构件列表栏新增"局部等电位联结端子板"，根据图纸要求，在构件属性栏设置"局部等电位联结端子板"构件的安装高度为0.3m，如图4-65所示。

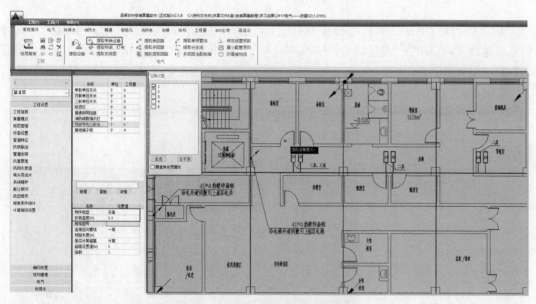

图4-65　设置局部等电位联结端子板

点击中文工具栏【电气】专业，选择【设备及电器】，同时，在构件列表栏点击选择"局部等电位联结端子板"，点击菜单栏【电气】专业，选择【提取单类设备】命令，根据命令栏提示，提取2#一层防雷接地平面图（图4-34）的局部等电位联结端子板即可。根据2#一层防雷接地平面图（图4-34）图纸信息，局部等电位联结端子板设置在2、3层，因此，需将一层防雷接地平面图提取的局部等电位联结端子板复制至2、3层，然后删除一层已经提取的局部等电位联结端子板。点击菜单栏【电气】，选择【楼层复制】命令，在【楼层复制】对话框勾选"目标楼层"为2层，"安装构件"为局部等电位联结端子板，并勾选"覆盖属性"，勾选完成后，点击【复制】。如图4-66所示。

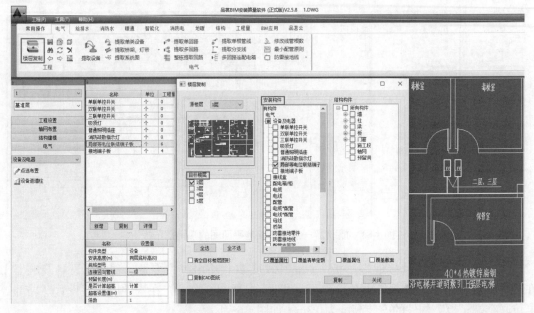

图4-66　布设局部等电位联结端子板

（4）接闪器　中文工具栏将楼层切换至第5层，点击中文工具栏【电气】专业，选择【防雷接地线】，在构件列表栏新增"屋面接闪带"，根据图纸要求，在构件属性栏设置"屋面接闪带"构件的安装高度为−0.4m，如图4-67所示。

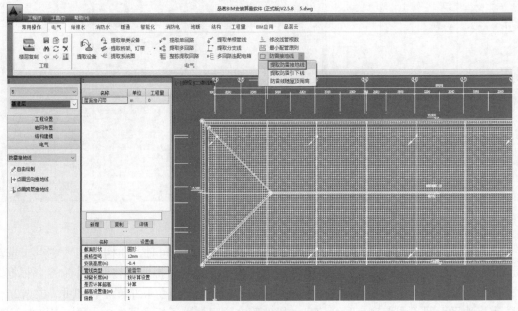

图4-67　设置屋面接闪带

点击菜单栏【电气】专业，选择【防雷接地线】，如图4-67所示，同时选择【提取防雷接地线】命令，当软件弹出"按线属性提取"对话框时，勾选"按颜色提取"，并按命令栏提示选取屋面最外边线后，框选整个屋面防雷平面图，右键【确认】。如图4-68所示。

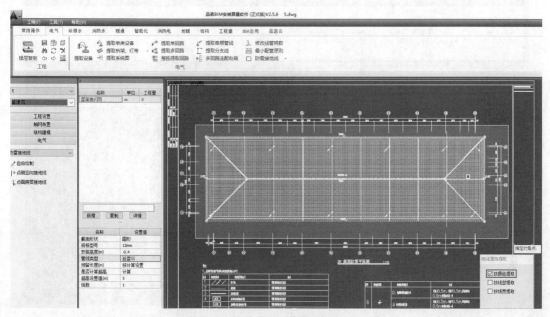

图4-68　提取防雷接地线

（5）坡屋面接闪器　点击菜单栏【常用操作】，选择【查改标高】命令，根据命令栏提示，调整接闪器标高（调整倾斜部分接闪器标高），如图4-69所示。

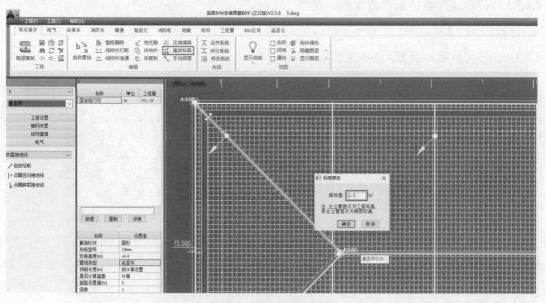

图4-69　调整接闪器标高

（6）避雷针　点击中文工具栏【电气】专业，选择【防雷接地零件】，同时，在构件列表栏选择"避雷针"，在构件属性栏设置构件安装高度为-0.4m，设置完成后，点击菜单栏

【电气】专业，选择【提取单类设备】命令，根据命令栏提示，提取屋面防雷平面图上的避雷针。如图4-70所示。

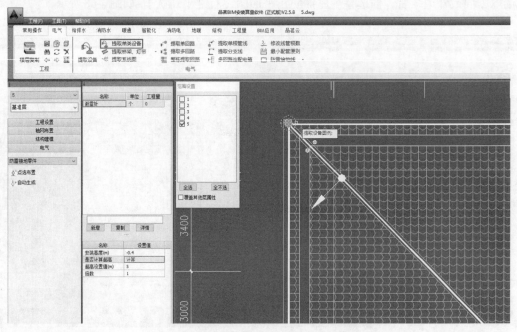

图4-70 提取屋面防雷平面图上的避雷针

（7）坡屋面避雷针 点击菜单栏【常用操作】，选择【查改标高】命令，根据命令栏提示，调整避雷针标高。

4.4.3.3 防雷及接地装置套取清单、定额

同第2章2.4节生活给水系统。

4.4.3.4 防雷及接地装置可视化模型

如图4-71所示。

图4-71 防雷及接地装置可视化模型

实训任务

1. ×××派出所1#电气设计（照明）施工图识图。
2. ×××派出所1#电气动力施工图识图。
3. ×××派出所1#电气防雷施工图识图。
4. ×××派出所1#一层照明配电系统、动力配电系统、防雷及接地装置清单列项。
5. ×××派出所1#一层照明配电系统、动力配电系统、防雷及接地装置建模。

第5章　建筑智能化工程

学习任务

- 熟悉建筑智能化工程的系统配置。
- 掌握建筑智能化工程的识图。
- 熟悉建筑智能化工程的工程量计算规则、消防工程的工程量计算规则；掌握建筑智能化工程、消防工程清单列项。
- 掌握BIM安装算量——火灾自动报警系统、视频安防监控系统及出入口控制系统、公共广播系统建模。

5.1　建筑智能化工程的基础知识

5.1.1　智能建筑定义

以建筑物为平台，基于对各类智能化信息的综合应用，集架构、系统、应用、管理及优化组合为一体，具有感知、传输、记忆、推理、判断和决策的综合智慧能力，形成以人、建筑、环境互为协调的整合体，为人们提供安全、高效、便利及可持续发展功能环境的建筑。

建筑智能化系统，利用现代通信技术、信息技术、计算机网络技术、监控技术等，通过对建筑和建筑设备的自动检测与优化控制、信息资源的优化管理，实现对建筑物的智能控制与管理，以满足用户对建筑物的监控、管理和信息共享的需求，从而使智能建筑具有安全、舒适、高效和环保的特点，达到投资合理、适应信息社会需要的目标。

5.1.2　建筑智能化工程的系统配置

建筑智能化系统工程一般包括信息化应用系统、智能化集成系统、信息设施系统、建筑设备管理系统、公共安全系统、机房工程及防雷与接地等。

（1）信息化应用系统　以信息设施系统和建筑设备管理系统等智能化系统为基础，为满足建筑物的各类专业化业务、规范化运营及管理的需要，由多种类信息设施、操作程序和相关应用设备等组合而成的系统。

信息化应用系统包括公共服务、智能卡应用、物业管理、信息设施运行管理、信息安全管理、通用业务和专业业务等信息化应用系统。

（2）智能化集成系统　为实现建筑物的运营及管理目标，基于统一的信息平台，以多种类智能化信息集成方式，形成的具有信息汇聚、资源共享、协同运行、优化管理等综合应用功能的系统。

智能化集成系统包括智能化信息集成（平台）系统与集成信息应用系统。

（3）信息设施系统　为满足建筑物的应用与管理对信息通信的需求，将各类具有接收、交换、传输、处理、存储和显示等功能的信息系统整合，形成建筑物公共通信服务综合基础条件的系统。

信息设施系统包括信息接入系统、布线系统、移动通信室内信号覆盖系统、卫星通信系统、用户电话交换系统、无线对讲系统、信息网络系统、有线电视及卫星电视接收系统、公共广播系统、会议系统、信息导引及发布系统、时钟系统等信息设施系统。

（4）建筑设备管理系统　对建筑设备监控系统和公共安全系统等实施综合管理的系统。

建筑设备管理系统包括建筑设备监控系统、建筑能效监管系统，以及需纳入管理的其他业务设施系统等。

（5）公共安全系统　为维护公共安全，运用现代科学技术，具有以应对危害社会安全的各类突发事件而构建的综合技术防范或安全保障体系综合功能的系统。

公共安全系统包括火灾自动报警系统、安全技术防范系统和应急响应系统等。

应急响应系统，为应对各类突发公共安全事件，提高应急响应速度和决策指挥能力，有效预防、控制和消除突发公共安全事件的危害，构建具有应急技术体系和响应处置功能的应急响应保障机制或履行协调指挥职能的系统。

（6）机房工程　为提供机房内各智能化系统设备及装置的安置和运行条件，确保各智能化系统安全、可靠和高效地运行与便于维护的建筑功能环境而实施的综合工程。

（7）防雷与接地　防雷与接地包括智能化系统的接地装置、接地线、等电位联结、屏蔽设施和电涌保护器。

5.2　建筑智能化工程的识图

5.2.1　建筑智能化工程常用符号

建筑智能化系统，过去通常称弱电系统，我国电气工程图的绘制是按照国家统一的图例和符号来执行的，电气施工图上的各种电气元件及线路敷设，均是用国家统一的图例符号和文字符号来表示。识图的基础是首先要明确和熟悉有关电气图例与符号所表达的内容和含义。现将常用建筑智能化图例、线形符号及文字符号列于表5-1～表5-4。

表 5-1　火灾自动报警系统图例

序号	名称	图例	序号	名称	图例
1	编码型光电感烟探测器	$\boxed{\gtrless}$	20	气体灭火控制盘 LD5500E	QF
2	编码型光电感烟探测器（防爆型）	$\boxed{\gtrless}$Ex	21	钢瓶电磁阀（随气体灭火系统配套）	Q　ZG
3	编码型定温感温探测器	$\boxed{\downarrow}$	22	紧急停止按钮 LD1200	●
4	编码型感温探测器（防爆型）	$\boxed{\downarrow}$Ex	23	放气灯 LD1100	⊗
5	手动自动报警按钮（带电话插孔）		24	水流指示器	↗
6	编码型消火栓自动报警按钮		25	安全信号阀	
7	消防专用电话分机		26	多叶排风口	
8	单输入单输出控制模块	I/O	27	防火调节阀（常开，280℃关闭，输出电信号）	280℃
9	消防电源监控探测器	M1	28	防火调节阀（常闭，280℃关闭，输出电信号）	280℃
10	电气火灾监控探测器	M2	29	防火调节阀（常开，70℃关闭，输出电信号）	70℃
11	总线消防广播模块	B	30	防火调节阀（常闭，70℃关闭，输出电信号）	70℃
12	总线消防电话插孔	T	31	楼层端子接线箱	ATX
13	声光自动报警器		32	照明配电箱	*AL*
14	扬声器		33	消防风机控制箱	*AT.*　AT.PY
15	楼层显示盘	FI	34	自动报警阀压力开关	P
16	总线短路保护器	SI	35	接线箱	
17	总线交流隔离器	ZG	36	可燃气体灭火系统控制装置	S
18	单输入单输出控制模块	I_1/O_1	37	可燃气体探测器	
19	双输入信号输入模块	I_2	38	隔离模块	GL

表 5-2　通信、综合布线、安全技术防范及广播系统图例

序号	名称	图例	序号	名称	图例
1	外网信息点（单孔插座）	TO	14	出入口控制器（双门）	·2
2	外网、语音信息点（双孔插座）	TOP	15	出入口控制器（四门）	·4
3	无线 WIFI 信号发射终端插座（单孔插座）	AP	16	电源适配器（DC/AC）	
4	有线电视终端信息点	TV	17	编码器+楼层叠加器	
5	楼层配线架	FD	18	光纤收发器+信号电涌保护器	
6	建筑配线架	BD	19	47寸超窄边液晶监视器	47
7	电梯专用摄像机	L	20	吸顶扬声器	
8	室内高清网络半球摄像机	R	21	壁挂号角	W
9	室内高清网络快球摄像机	R	22	壁挂扬声器	
10	室内高清网络枪式摄像机		23	防水草地音箱	
11	室外高清网络快球摄像机		24	局部等电位接地端子箱	LEB
12	室外高清网络枪式摄像机	H	25	楼层等电位接地端子箱	FEB
13	门锁、门磁、读卡器、出门按钮		26	内网信息点（单孔插座）	内TO

表 5-3　电气线路线形符号

序号	名称	线形符号	序号	名称	线形符号
1	综合布线系统防火金属线槽		7	自动报警及联动总线	
2	视频安防监控系统线路	—V—V—V—V—	8	消防电话总线	—F—
3	公共广播系统线缆	—BC—BC—BC—	9	24V 直流电源线	—D—
4	出入口控制系统线路	—M—M—M—M—	10	手动直接联动控制线	—K—
5	综合布线系统线路	—GCS—GCS—GCS—	11	消防电源监控总线	—JK—
6	有线电视系统线路	—TV—TV—TV—	12	漏电监控总线	—LD—

表 5-4　信息网络系统的文字符号

序号	名称	文字符号	序号	名称	文字符号
1	110配线架	110.100P	5	六类非屏蔽双绞线	Cat6.UTP.4P
2	24口六类非屏蔽配线架	Cat6.UTP.24P	6	3类25对非屏蔽大对数电缆	Cat3.UTP.25P
3	12口光纤配线架	LIU.12P	7	12芯多模光纤	Fiber.12C
4	24口光纤配线架	LIU.24P			

5.2.2　建筑智能化工程识图

一般建筑智能化系统包括火灾自动报警系统、综合布线系统、信息网络系统、有线电视系统、公共广播系统、视频安防监控系统、出入口控制系统、停车场管理系统、机房工程、建筑物电子信息系统、防雷与接地。下面以×××派出所2#火灾自动报警系统、视频安防监控系统及出入口控制系统、公共广播系统为例，学习建筑智能化工程识图。

5.2.2.1　火灾自动报警系统识图

下面以×××派出所2#电气设计（消防）施工图为案例，进行识图。

（1）接线箱识图　以一层火灾自动报警系统为例，从火灾自动报警系统图（图5-1、图5-2）、一层火灾自动报警平面图（图5-3、图5-4）了解到，一层的弱电井位置安装有1台楼层端子接线箱ATX，底边距地1.5m明装。

（2）管线识图　以一层火灾自动报警系统为例，一层弱电井位置的楼层端子接线箱ATX共有5条管线，其中，NB为自动报警及联动总线，ND为消防电话总线，NY为24V直流电源线，JK1为消防电源监控总线，LD1为漏电监控总线。

NB配线及敷设方式：NH-RVS-250V-2×1.5mm²/SC15，指耐火-铜芯聚氯乙烯绞合型软性电线电缆-额定电压250V-2芯，标称截面积1.5mm²/穿直径为$DN15$镀锌钢管敷设。

ND配线及敷设方式：NH-RVVP-250V-2×1.5mm²/SC15，指耐火-铜芯聚氯乙烯绝缘和保护套的屏蔽软电缆线-额定电压250V-2芯，标称截面积1.5mm²/穿直径为$DN15$镀锌钢管敷设。

NY配线及敷设方式：NH-BV-450/750V-2×4 mm²/SC20，指耐火-铜芯聚氯乙烯绝缘电线-额定电压450/750V-2芯，标称截面积4mm²/穿直径为$DN20$镀锌钢管敷设。

JK1配线及敷设方式：ZR-RVS-250V-2×1.5mm²/SC20，指阻燃-铜芯聚氯乙烯绞合型软性电线电缆-额定电压250V-2芯，标称截面积1.5mm²/穿直径为$DN20$镀锌钢管敷设。

LD1配线及敷设方式：ZR-RVS-250V-2×1.5mm²/ SC15/WC.CC，指阻燃-铜芯聚氯乙烯绞合型软性电线电缆-额定电压250V-2芯，标称截面积1.5mm²/穿直径为$DN15$镀锌钢管暗敷在墙内及顶板内。

（3）设备和元器件识图　从火灾自动报警系统图（图5-1、图5-2）可以了解到，组成消防系统的设备和元器件有：①消防报警主机；②楼层端子接线箱；③总线交流隔离器；④楼层火灾显示盘；⑤声光自动报警器；⑥感烟探测器；⑦感温探测器；⑧消防电源监控探测器；⑨电气火灾监控探测器；⑩手动报警按钮；⑪消火栓自动报警按钮；⑫消防报警电话插孔；⑬消防电话分机；⑭双输入信号输入模块；⑮单输入模块；⑯单输入单输出模块。

2#

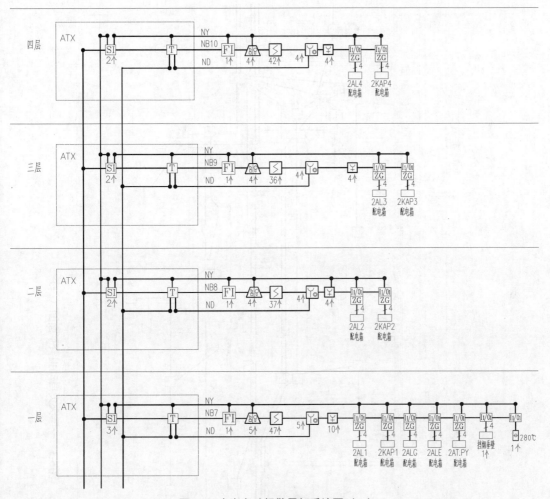

图5-1 火灾自动报警局部系统图（一）

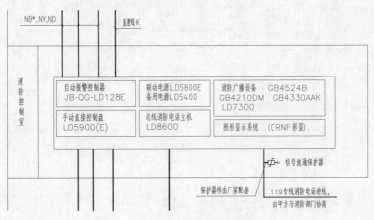

图5-2 火灾自动报警局部系统图（二）

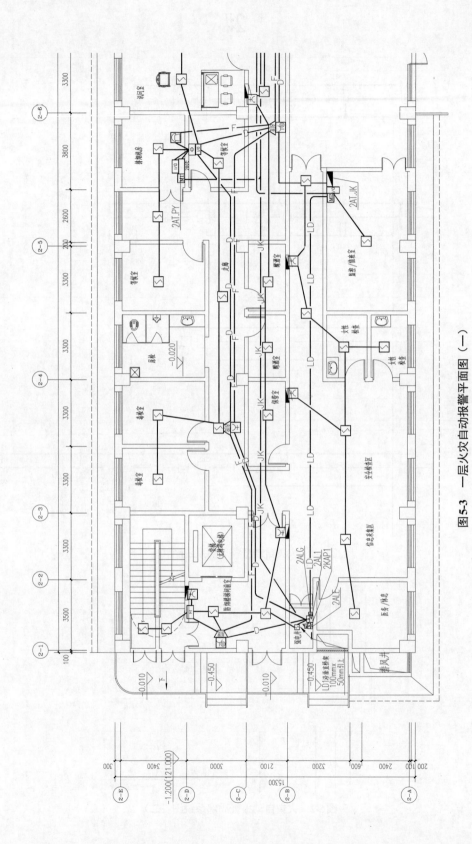

图 5-3　一层火灾自动报警平面图（一）

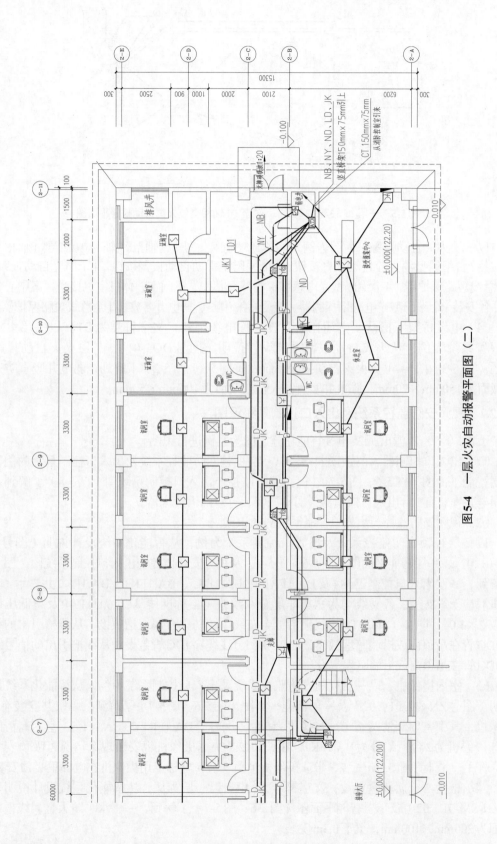

图 5-4 一层火灾自动报警平面图（二）

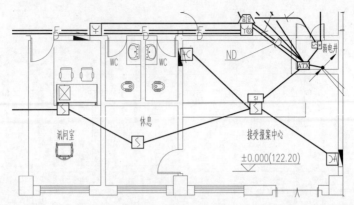

图5-5 一层⑳-⑨轴至⑳-⑪轴与⑳-Ⓐ轴至⑳-Ⓑ轴相交处火灾自动报警平面图

以一层火灾自动报警平面图为例，如图5-5所示，一层⑳-⑨轴至⑳-⑪轴与⑳-Ⓐ轴至⑳-Ⓑ轴相交处共安装3台编码型消火栓自动报警按钮，1个编码型手动自动报警按钮，1个声光自动报警器，2个总线短路保护器，4个编码型光电感烟探测器，其中，讯问室、休息室、接受报案中心、弱电井各安装1个编码型光电感烟探测器，接受报案中心、弱电井各安装1个总线短路保护器。

（4）电缆桥架、槽盒　电缆托盘敷设又称电缆桥架，文字符号为CT。以一层火灾自动报警系统为例，从火灾自动报警系统设计说明（图号DQ4-01）、一层火灾自动报警平面图（图5-3、图5-4）及火灾自动报警系统图（图5-1、图5-2）了解到，弱电井竖直防火桥架截面为150mm×70mm，强电井竖直防火桥架截面为100mm×50mm。

5.2.2.2　视频安防监控系统及出入口控制系统识图

下面以×××派出所2#电气智能化施工图为案例进行识图。

（1）出入口控制器、门锁读卡器　以一层视频安防监控系统及出入口控制系统为例，从一层智能平面图（图5-6、图5-7）、视频安防监控与出入口控制系统图（图5-8）了解到，一层弱电井安装有1台出入口控制器，弱电房安装有双门锁读卡器。

（2）视频安防监控与出入口控制系统图的识读

以一层视频安防监控系统及出入口控制系统为例，从智能化系统设计说明（图号ZN-SM-01、02）、一层智能平面图（图5-6、图5-7）及视频安防监控与出入口控制系统图（图5-8）了解到，一层出入口控制器M4及BA.1FR1～BA.1FR5、BA.1FK1、BA.1FK2共7台室内摄像机对应7条支线，各支线均为六类非屏蔽双绞线（俗称网线）Cat6.UTP.4P及超低压电线RVV 2×1.0，其中，Cat6.UTP.4P线缆沿综合布线系统防火金属线槽敷设，从线槽引出的线缆穿JDG管在吊顶内或沿墙暗埋敷设，RVV 2×1.0线缆穿JDG管敷设，从线槽引出的信号线缆穿JDG管在吊顶内或沿墙暗埋敷设。

（3）室内摄像机　以一层视频安防监控系统及出入口控制系统为例，从智能化系统设计说明（图号ZN-SM-01、02）及一层智能平面图（图5-6、图5-7）了解到，一层共安装有7台摄像机，其中室内高清网络半球摄像机为5台，编号为BA.1FR1～BA.1FR5，室内高清网络快球摄像机为2台，编号为BA.1FK1、BA.1FK2。快球摄像机视安装现场情况可吸顶安装或在立杆上、墙上距地3.5m壁装，半球摄像机吸顶安装，电梯专用摄像机在电梯里吸顶安装。

（4）槽盒　金属槽盒敷设，文字符号为MR。以一层为例，从智能化系统设计说明（图号ZN-SM-01、02）及一层智能平面图（图5-6、图5-7）了解到，一层水平防火金属线槽敷设截面为200mm×100mm，梁下0.3m安装。

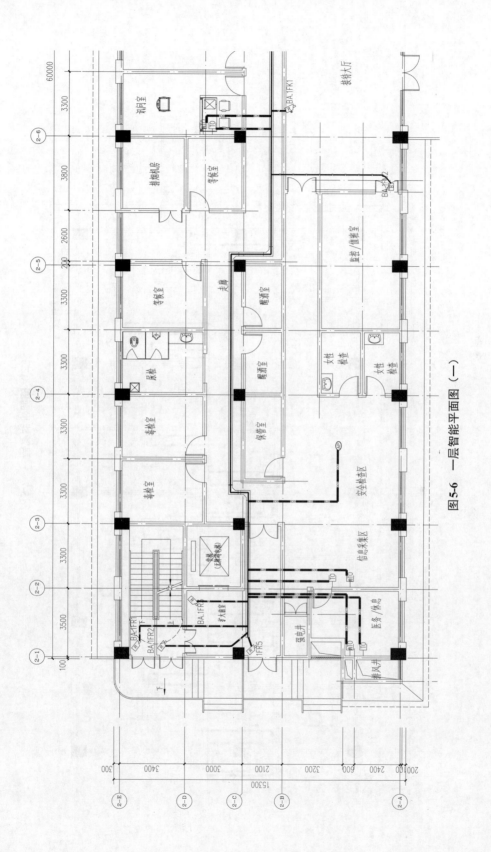

图5-6 一层智能平面图（一）

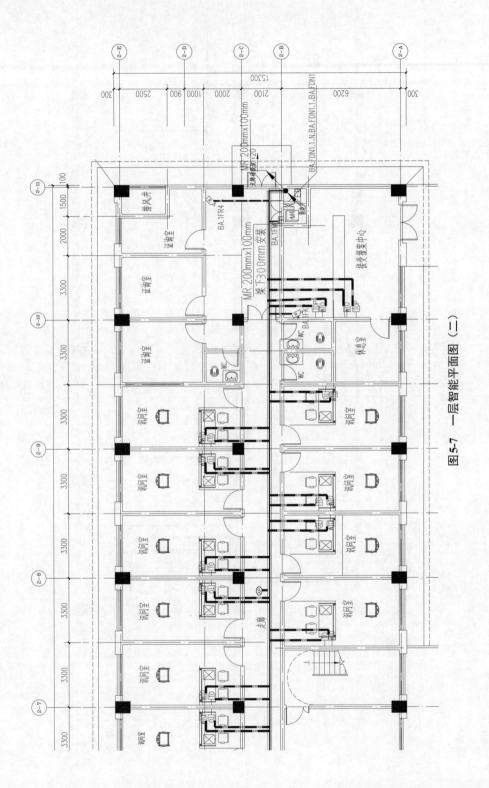

图5-7 一层智能平面图（二）

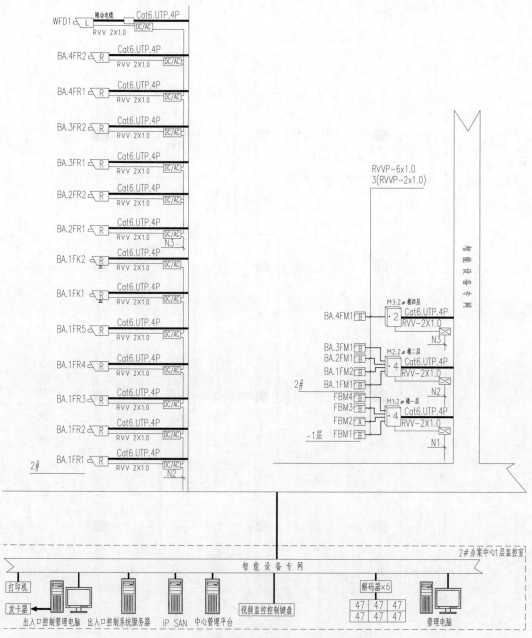

图5-8 视频安防监控与出入口控制系统图

5.2.2.3 公共广播系统识图

以×××派出所2#电气智能化施工图为案例进行识图。

（1）公共广播系统图识读 以一层公共广播系统为例，从智能化系统设计说明（图号ZN-SM-01、02）、一层广播平面图（图5-9、图510）及公共广播系统图（图5-11）了解到，一层只有一支支线GB7，采用ZR-RVVP-2×1.5mm²线缆穿镀锌电线管φ20敷设。

（2）扬声器 以一层公共广播系统为例，从一层广播平面图（图5-9、图5-10）了解到，一层共安装有12个吸顶扬声器，吸顶扬声器吊顶天花嵌装。

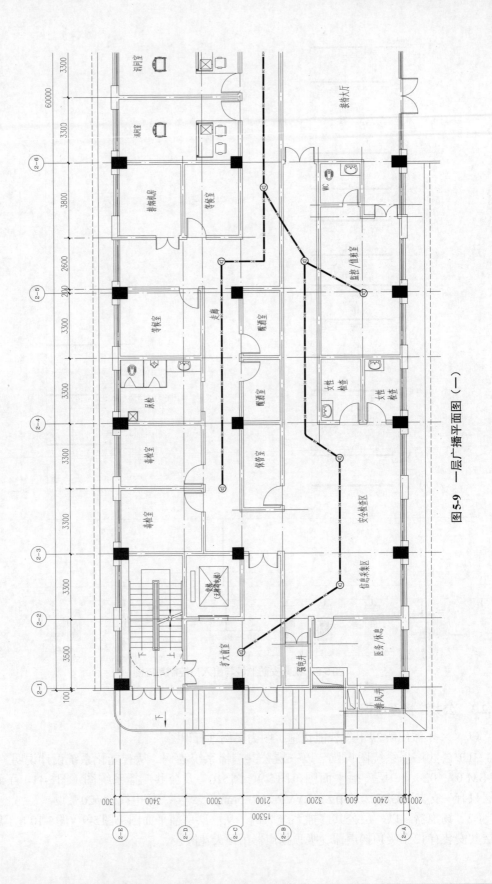

图5-9 一层广播平面图（一）

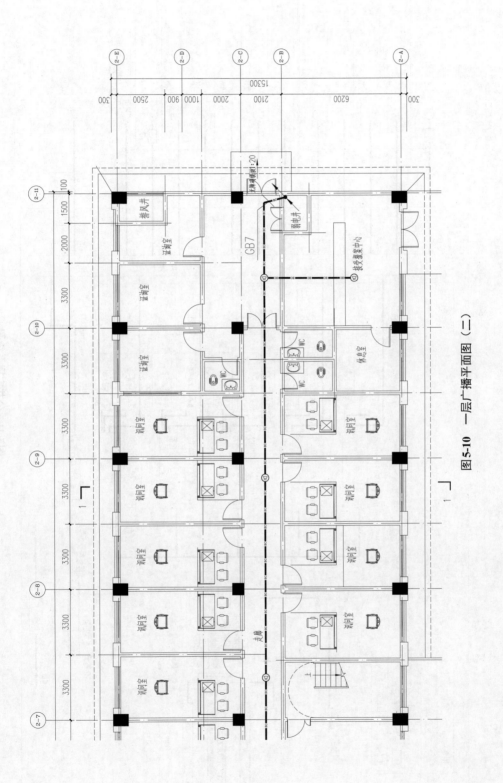

图5-10 一层广播平面图（二）

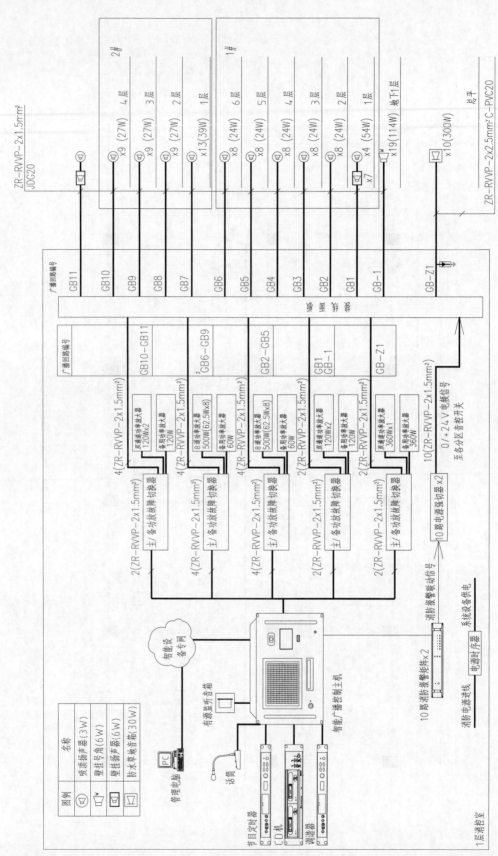

图5-11　公共广播系统图

5.3 建筑智能化工程的工程量计算规则及清单列项

本节以《通用安装工程工程量计算规范》（GB 50856—2013）（以下简称"2013国标清单规范"）附录E建筑智能化工程及附录J.4火灾自动报警系统、J.5消防系统调试为依据，学习建筑智能化工程、消防工程火灾自动报警系统、消防工程消防系统调试的计量规则及清单列项。

5.3.1 建筑智能化工程的工程量计算规则

计算机应用、网络系统工程工程量清单项目设置、项目特征描述的内容、计量单位及工程量计算规则，应按表5-5的规定执行。

表 5-5　计算机应用、网络系统工程（编码 030501）

项目编码	项目名称	项目特征	计量单位	工程量计算规则	工作内容
030501001	输入设备	1.名称 2.类别 3.规格 4.安装方式	台	按设计图示数量计算	1.本体安装 2.单体调试
030501002	输出设备				
030501003	控制设备	1.名称 2.类别 3.路数 4.规格			
030501004	存储设备	1.名称 2.类别 3.规格 4.容量 5.通道数			
030501005	插箱、机柜	1.名称 2.类别 3.规格			1.本体安装 2.接电源线、保护地线、功能地线
030501006	互联电缆	1.名称 2.类别 3.规格	条		制作、安装
030501007	接口卡	1.名称 2.类别 3.传输数率	台（套）		1.本体安装 2.单体调试
030501008	集线器	1.名称 2.类别 3.堆叠单元量			
030501009	路由器	1.名称 2.类别 3.规格 4.功能			
030501010	收发器				
030501011	防火墙				

项目编码	项目名称	项目特征	计量单位	工程量计算规则	工作内容
030501012	交换机	1.名称 2.功能 3.层数	台（套）	按设计图示数量计算	1.本体安装 2.单体调试
030501013	网络服务器	1.名称 2.类别 3.规格			1.本体安装 2.插件安装 3.接信号线、电源线、地线
030501014	计算机应用、网络系统接地	1.名称 2.类别 3.规格	系统		1.安装焊接 2.检测
030501015	计算机应用、网络系统系统联调	1.名称 2.类别 3.用户数			系统调试
030501016	计算机应用、网络系统试运行				试运行
030501017	软件	1.名称 2.类别 3.规格 4.容量	套		1.安装 2.调试 3.试运行

综合布线系统工程工程量清单项目设置、项目特征描述的内容、计量单位及工程量计算规则，应按表5-6的规定执行。

表5-6　综合布线系统工程（编码030502）

项目编码	项目名称	项目特征	计量单位	工程量计算规则	工作内容
030502001	机柜、机架	1.名称 2.材质 3.规格 4.安装方式	台	按设计图示数量计算	1.本体安装 2.相关固定件的连接
030502002	抗震底座		个		1.本体安装 2.底盒安装
030502003	分线接线箱（盒）				
030502004	电视、电话插座	1.名称 2.安装方式 3.底盒材质、规格			
030502005	双绞线缆	1.名称 2.规格 3.线缆对数 4.敷设方式	m	按设计图示尺寸，以长度计算	1.敷设 2.标记 3.卡接
030502006	大对数电缆				
030502007	光缆				
030502008	光纤束、光缆外护套	1.名称 2.规格 3.安装方式			1.气流吹放 2.标记

项目编码	项目名称	项目特征	计量单位	工程量 计算规则	工作内容
030502009	跳线	1.名称 2.类别 3.规格	条	按设计 图示数量 计算	1.插接跳线 2.整理跳线
030502010	配线架	1.名称 2.规格 3.容量			安装、卡接
030502011	跳线架				
030502012	信息插座	1.名称 2.类别 3.规格 4.安装方式 5.底盒材质、规格	个（块）		1.端接模块 2.安装面板
030502013	光纤盒	1.名称 2.类别 3.规格 4.安装方式			1.端接模块 2.安装面板
030502014	光纤连接	1.方法 2.模式	芯（端口）		1.接续 2.测试
030502015	光缆终端盒	光缆芯数	个		
030502016	布放尾纤		根		
030502017	线管理器	1.名称 2.规格 3.安装方式	个		本体安装
030502018	跳块				安装、卡接
030502019	双绞线缆测试	1.测试类别 2.测试内容	链路 （点、芯）		测试
030502020	光纤测试				

建筑设备自动化系统工程工程量清单项目设置、项目特征描述的内容、计量单位及工程量计算规则，应按表5-7的规定执行。

表 5-7　建筑设备自动化系统工程（编码 030503）

项目编码	项目名称	项目特征	计量单位	工程量 计算规则	工作内容
030503001	中央管理系统	1.名称 2.类别 3.功能 4.控制点数量	系统（套）	按设计 图示数量 计算	1.本体组装、连接 2.系统软件安装 3.单体调整 4.系统联调 5.接地

项目编码	项目名称	项目特征	计量单位	工程量计算规则	工作内容
030503002	通信网络控制设备	1.名称 2.类别 3.规格	台（套）	按设计图示数量计算	1.本体安装 2.软件安装 3.单体调试 4.联调联试 5.接地
030503003	控制器	1.名称 2.类别 3.功能 4.控制点数量			
030503004	控制箱	1.名称 2.类别 3.功能 4.控制器、控制模块规格、体积 5.控制器、控制模块数量			1.本体安装、标识 2.控制器、控制模块组装 3.单体调试 4.联调联试 5.接地
030503005	第三方通信设备接口	1.名称 2.类别 3.接口点数			1.本体安装、连接 2.接口软件安装调试 3.单体调试 4.联调联试
030503006	传感器	1.名称 2.类别 3.功能 4.规格	支（台）		1.本体安装和连接 2.通电检查 3.单体调整测试 4.系统联调
030503007	电动调节阀执行机构		个		1.本体安装和连线 2.单体测试
030503008	电动、电磁阀门				
030503009	建筑设备自控化系统调试	1.名称 2.类别 3.功能 4.控制点数量	台（户）		整体调试
030503010	建筑设备自控化系统试运行	名称	系统		试运行

　　建筑信息综合管理系统工程工程量清单项目设置、项目特征描述的内容、计量单位及工程量计算规则，应按表5-8的规定执行。

表5-8　建筑信息综合管理系统工程（编码 030504）

项目编码	项目名称	项目特征	计量单位	工程量计算规则	工作内容
030504001	服务器	1.名称 2.类别 3.规格 4.安装方式	台	按设计图示数量计算	安装调试

続表

项目编码	项目名称	项目特征	计量单位	工程量计算规则	工作内容
030504002	服务器显示设备	1.名称 2.类别 3.规格 4.安装方式	台	按设计图示数量计算	安装调试
030504003	通信接口输入输出设备		个		本体安装、调试
030504004	系统软件	1.测试类别 2.测试内容	套	按系统所需集成点数及图示数量计算	安装、调试
030504005	基础应用软件				
030504006	应用软件接口				
030504007	应用软件二次		项（点）		按系统点数进行二次软件开发和定制、进行调试
030504008	各系统联动试运行		系统		调试、试运行

有线电视、卫星接收系统工程工程量清单项目设置、项目特征描述的内容、计量单位及工程量计算规则，应按表5-9的规定执行。

表 5-9　有线电视、卫星接收系统工程（编码 030505）

项目编码	项目名称	项目特征	计量单位	工程量计算规则	工作内容
030505001	共用天线	1.名称 2.规格 3.电视设备箱型号、规格 4.天线杆、基础种类	副	按设计图示数量计算	1.电视设备箱安装 2.天线杆基础安装 3.天线杆安装 4.天线安装
030505002	卫星电视天线、馈线系统	1.名称 2.规格 3.地点 4.楼高 5.长度			安装、调测
030505003	前端机柜	1.名称 2.规格	个		1.本体安装 2.连接电源 3.接地
030505004	电视墙	1.名称 2.监视器数量	套		1.机架、监视器安装 2.信号分配系统安装 3.连接电源 4.接地
030505005	射频同轴电缆	1.名称 2.规格 3.敷设方式	m	按设计图示尺寸，以长度计算	线缆敷设

项目编码	项目名称	项目特征	计量单位	工程量计算规则	工作内容
030505006	同轴电缆接头	1.规格 2.方式	个	按设计图示数量计算	电缆接头
030505007	前端射频设备	1.名称 2.类别 3.频道数量	套		1.本体安装 2.单体调试
030505008	卫星地面站接收设备	1.名称 2.类别	台		1.本体安装 2.单体调试 3.全站系统调试
030505009	光端设备安装、调试	1.名称 2.类别 3.容量	台		1.本体安装 2.单体调试
030505010	有线电视系统管理设备	1.名称 2.类别			
030505011	播控设备安装、调试	1.名称 2.功能 3.规格		按设计图示数量计算	1.本体安装 2.系统调试
030505012	干线设备	1.名称 2.功能 3.安装位置			
030505013	分配网络	1.名称 2.功能 3.规格 4.安装方式	个		1.本体安装 2.电缆接头制作、布线 3.单体调试
030505014	终端调试	1.名称 2.功能			调试

音频、视频系统工程工程量清单项目设置、项目特征描述的内容、计量单位及工程量计算规则，应按表5-10的规定执行。

表5-10 音频、视频系统工程（编码 030506）

项目编码	项目名称	项目特征	计量单位	工程量计算规则	工作内容
030506001	扩声系统设备	1.名称 2.类别 3.规格 4.安装方式	台	按设计图示数量计算	1.本体安装 2.单体调试
030506002	扩声系统调试	1.名称 2.类别 3.功能	只（副、台、系统）		1.设备连接构成系统 2.调试、达标 3.通过DSP实现多种功能

项目编码	项目名称	项目特征	计量单位	工程量计算规则	工作内容
030506003	扩声系统试运行	1.名称 2.试运行时间	系统		试运行
030506004	背景音乐系统设备	1.名称 2.类别 3.规格 4.安装方式	台		1.本体安装 2.单体调试
030506005	背景音乐系统调试	1.名称 2.类别 3.功能 4.公共广播语言清晰度及相应声学特性指标要求	台 （系统）		1.设备连接构成系统 2.试听、调试 3.系统试运行 4.公共广播达到语言清晰度及相应声学特性指标
030506006	背景音乐系统试运行	1.名称 2.试运行时间	系统		试运行
030506007	视频系统设备	1.名称 2.类别 3.规格 4.功能、用途 5.安装方式	台	按设计图示数量计算	1.本体安装 2.单体调试
030506008	视频系统调试	1.名称 2.类别 3.功能	系统		1.设备连接构成系统 2.调试 3.达到相应系统设计标准 4.实现相应系统设计功能

安全防范系统工程工程量清单项目设置、项目特征描述的内容、计量单位及工程量计算规则，应按表5-11的规定执行。

表 5-11　安全防范系统工程（编码 030507）

项目编码	项目名称	项目特征	计量单位	工程量计算规则	工作内容
030507001	入侵探测设备	1.名称 2.类别 3.探测范围 4.安装方式	套	按设计图示数量计算	1.本体安装 2.单体调试
030507002	入侵报警控制器	1.名称 2.类别 3.路数 4.安装方式			
030507003	入侵报警中心显示设备	1.名称 2.类别 3.安装方式			

项目编码	项目名称	项目特征	计量单位	工程量计算规则	工作内容
030507004	入侵报警信号传输设备	1.名称 2.类别 3.功率 4.安装方式	套	按设计图示数量计算	1.本体安装 2.单体调试
030507005	出入口目标识别设备	1.名称 2.规格	台		
030507006	出入口控制设备				
030507007	出入口执行机构设备	1.名称 2.类别 3.规格			
030507008	监控摄像设备	1.名称 2.类别 3.安装方式			
030507009	视频控制设备	1.名称 2.类别 3.路数 4.安装方式	台（套）	按设计图示数量计算	1.本体安装 2.单体调试
030507010	音频、视频及脉冲分配器	1.名称 2.类别 3.路数 4.安装方式	台（套）		
030507011	视频补偿器	1.名称 2.通道数			
030507012	视频传输设备	1.名称 2.类别 3.规格			
030507013	录像设备	1.名称 2.类别 3.规格 4.存储容量、格式			
030507014	显示设备	1.名称 2.类别 3.规格	1.台 2.m²	1.以台计量，按设计图示数量计算 2.以"m²"计量，按设计图示面积计算	
030507015	安全检查设备	1.名称 2.规格 3.类别 4.程式 5.通道数	台（套）		
030507016	停车场管理设备	1.名称 2.类别 3.规格			

项目编码	项目名称	项目特征	计量单位	工程量计算规则	工作内容
030507017	安全防范分系统调试	1.名称 2.类别 3.通道数	系统	按设计内容	各分系统调试
030507018	安全防范 全系统调试	系统内容			1.各分系统的联动，参数设置 2.全系统联调
030507019	安全防范系统 工程试运行	1.名称 2.类别			系统试运行

相关问题及说明如下：

（1）土方工程，应按现行国家标准《房屋建筑与装饰工程工程量计算规范》（GB 50854—2013）相关项目编码列项。

（2）开挖路面工程，应按现行国家标准《市政工程工程量计算规范》（GB 50857—2013）相关项目编码列项。

（3）配管工程，线槽，桥架，电气设备，电气器件，接线箱、盒，电线，接地系统，凿（压）槽，打孔，打洞，人孔，手孔，立杆工程，应按2013国标清单规范附录D电气设备安装工程相关项目编码列项。

（4）蓄电池组、六孔管道、专业通信系统工程，应按2013国标清单规范附录L通信设备及线路工程相关项目编码列项。

（5）机架等项目的除锈、刷油应按2013国标清单规范附录M刷油、防腐蚀、绝热工程相关项目编码列项。

（6）如主项项目工程量与需综合项目工程量不对应，项目特征应描述综合项目的型号、规格、数量。

（7）由国家或地方检测验收部门进行的检测验收应按2013国标清单规范附录N措施项目相关项目编码列项。

5.3.2　消防工程火灾自动报警系统的工程量计算规则

火灾自动报警系统工程量清单项目设置、项目特征描述的内容、计量单位及工程量计算规则，应按表5-12的规定执行。

表 5-12　火灾自动报警系统（编码 030904）

项目编码	项目名称	项目特征	计量单位	工程量计算规则	工作内容
030904001	点型探测器	1.名称 2.规格 3.线制 4.类型	个	按设计图示数量计算	1.底座安装 2.探头安装 3.校接线 4.编码 5.探测器调试

项目编码	项目名称	项目特征	计量单位	工程量计算规则	工作内容
030904002	线型探测器	1.名称 2.规格 3.安装方式	m	按设计图示长度计算	1.探测器安装 2.接口模块安装 3.报警终端安装 4.校接线
030904003	按钮	1.名称 2.规格	个	按设计图示数量计算	1.安装 2.校接线 3.编码 4.调试
030904004	消防警铃				
030904005	声光报警器				
030904006	消防报警电话插孔（电话）	1.名称 2.规格 3.安装方式	个（部）		
030904007	消防广播（扬声器）	1.名称 2.功率 3.安装方式	个		
030904008	模块（模块箱）	1.名称 2.规格 3.类型 4.输出形式	个（台）		
030904009	区域报警控制箱	1.多线制 2.总线制 3.安装方式 4.控制点数量 5.显示器类型	台		1.本体安装 2.校接线，摇测绝缘电阻 3.排线、绑扎、导线标识 4.显示器安装 5.调试
030904010	联动控制箱				
030904011	远程控制箱（柜）	1.规格 2.控制回路			
030904012	火灾报警系统控制主机	1.规格、线制 2.控制回路 3.安装方式			1.安装 2.校接线 3.调试
030904013	联动控制主机				
030904014	消防广播及对讲电话主机（柜）				
030904015	火灾报警控制微机（CRT）	1.规格 2.安装方式			1.安装 2.调试
030904016	备用电源及电池主机（柜）	1.名称 2.容量 3.安装方式	套		1.安装 2.调试
030904017	报警联动一体机	1.规格、线制 2.控制回路 3.安装方式	台		1.安装 2.校接线 3.调试

注：1.消防报警系统配管、配线、接线盒均应按2013国标清单规范附录D电气设备安装工程相关项目编码列项。

2.消防广播及对讲电话主机包括功放、录音机、分配器、控制柜等设备。

3.点型探测器包括火焰、烟感、温感、红外光束、可燃气体探测器等。

消防系统调试工程量清单项目设置、项目特征描述的内容、计量单位及工程量计算规则，应按表5-13的规定执行。

表5-13　消防系统调试（编码030905）

项目编码	项目名称	项目特征	计量单位	工程量计算规则	工作内容
030905001	自动报警系统调试	1.点数 2.线制	系统	按系统计算	系统调试
030905002	水灭火控制装置调试	系统形式	点	按控制装置的点数计算	调试
030905003	防火控制装置调试	1.名称 2.类型	个（部）	按设计图示数量计算	
030905004	气体灭火系统装置调试	1.试验容器规格 2.气体试喷	点	按调试、检验和验收所消耗的试验容器总数计算	1.模拟喷气试验 2.备用灭火器贮存容器切换操作试验 3.气体试喷

注：1.自动报警系统，是由各种探测器、报警器、报警按钮、报警控制器、消防广播、消防电话等组成的报警系统；按不同点数以系统计算。

2.水灭火控制装置，自动喷洒系统按水流指示器数量以点（支路）计算；消火栓系统按消火栓启泵按钮数量以点计算；消防水炮系统按水炮数量以点计算。

3.防火控制装置，包括电动防火门、防火卷帘门、正压送风阀、排烟阀、防火控制阀、消防电梯等防火控制装置；电动防火门、防火卷帘门、正压送风阀、排烟阀、防火控制阀等调试以个计算，消防电梯以部计算。

4.气体灭火系统，是由七氟丙烷、IG541、二氧化碳等组成的灭火系统；按气体灭火系统装置的瓶头阀以点计算。

相关问题及说明如下：

（1）管道界限的划分

① 喷淋系统水灭火管道：室内外界限应以建筑物外墙皮1.5m为界，入口处设阀门者应以阀门为界；设在高层建筑物内的消防泵间管道应以泵间外墙皮为界。

② 消火栓管道：给水管道室内外界限划分应以外墙皮1.5m为界，入口处设阀门者应以阀门为界。

③ 与市政给水管道的界限：以与市政给水管道碰头点（井）为界。

（2）消防管道如需进行探伤，应按2013国标清单规范附录H工业管道工程相关项目编码列项。

（3）消防管道上的阀门、管道及设备支架、套管制作安装，应按2013国标清单规范附录K给排水、采暖、燃气工程相关项目编码列项。

（4）管道及设备除锈、刷油、保温除注明者外，均应按2013国标清单规范附录M刷油、防腐蚀、绝热工程相关项目编码列项。

（5）消防工程措施项目，应按2013国标清单规范附录N措施项目相关项目编码列项。

5.3.3　建筑智能化工程清单列项

以×××派出所2#电气智能化施工图的一层建筑智能化工程为例，建筑智能化工程清单列项如表5-14所示。

表 5-14 建筑智能化工程清单列项

序号	清单编号	项目名称	单位
I		视频安防监控与出入口控制系统	
1	030503003001	出入口控制器安装	台
2	030503003002	双门锁读卡器安装	台
3	030411001001	线槽敷设 镀锌电线管JDG20	m
4	030411001002	线槽敷设 阻燃硬塑管ϕ20	m
5	030411004001	管内配线 RVV 2×1.0mm^2	m
6	030411004002	管内配线 Cat6.UTP.4P	m
7	030408004001	防火金属线槽200mm×100mm	m
8	030507008001	室内高清网络半球摄像机	台
9	030507008002	室内高清网络快球摄像机	台
II		公共广播系统	
10	030411001001	线槽敷设 镀锌电线管ϕ20	m
11	030411004001	管内配线 ZR-RVVP-2×1.5mm^2	m
12	030904007001	吸顶扬声器	个

5.3.4 消防工程火灾自动报警系统清单列项

以×××派出所2#电气设计（消防）施工图的一层火灾自动报警系统为例，火灾自动报警系统清单列项如表5-15所示。

表 5-15 火灾自动报警系统清单列项

序号	清单编号	项目名称	单位
1	030411005001	楼层端子接线箱	个
2	030904008001	总线交流隔离器	个
3	030904008002	总线短路保护器	个
4	030904010001	楼层显示盘	台
5	030904005001	声光自动报警器	台
6	030904001001	感烟探测器	个
7	030904001002	消防电源监控探测器	个
8	030904001003	电气火灾监控探测器	个
9	030904003001	手动报警按钮	个

序号	清单编号	项目名称	单位
10	030904003002	消火栓自动报警按钮	个
11	030904006001	消防报警电话插孔	个
12	030904008003	单输入单输出控制模块	个
13	030411001001	混凝土结构暗配 镀锌钢管 SC20	m
14	030411001002	混凝土结构暗配 镀锌钢管 SC15	m
15	030413002001	线管刨沟槽及管沟槽恢复 SC15	m
16	030411004001	管内配线 NH-RVS-250V-2×1.5mm^2	m
17	030411004002	管内配线 NH-RVVP-250V-2×1.5mm^2	m
18	030411004003	管内配线 NH-BV-450V/750V-2×4mm^2	m
19	030411004004	管内配线 ZR-RVS-250V-2×1.5mm^2	m

5.4 BIM安装算量建模——建筑智能化工程

本节将以×××派出所2#建筑智能化工程为例，学习BIM安装算量建筑智能化工程建模。

5.4.1 火灾自动报警系统建模

5.4.1.1 CAD图纸导入、CAD图纸分割

二维码5.1　　　二维码5.2　　　二维码5.3

点击菜单栏的【工程】→【CAD图纸导入】命令，导入"2# 电气设计（消防）施工图"。为提升工作效率及缩减文件大小，需对图纸进行处理、分割。点击菜单栏的【工程】→【CAD图纸分割】命令，按命令提示框，框选一~四层火灾自动报警平面图（图号DQ4-06 ~ DQ4-09），在弹出的"图纸分割"提示框中进行分割，校核无误后，点击【确认】即可。

二维码5.4

5.4.1.2 设备及电器

点击菜单栏上的【消防电】专业，选择【提取设备】命令，根据命令栏提示，框选"火灾自动报警材料表"（图号DQ4-04）的图例表，如图5-12所示，弹出"转化图例表"窗口，根据图纸要求，设置设备及电器的安装高度，二维码5.5

如将"编码型光电感烟探测器"安装高度设置为4.1m，"手动自动报警按钮（带电话插孔）"安装高度设置为1.3m等，设置完成后，点击【转化】即可。

构件核查。当图纸设备构件较多时，点击操作界面状态栏【颜色过滤】命令，对图纸进行转化核查，如图5-13所示。

点击中文工具栏【消防电】专业，选择【设备及电器】，在构件列表栏选择"消火栓按钮"，

同时，在构件属性栏设置安装高度为1.5m，规格型号为95mm×95mm×42mm，如图5-14所示。

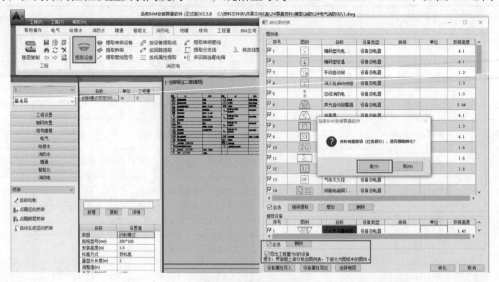

图5-12 转化图例表

图5-13 构件核查

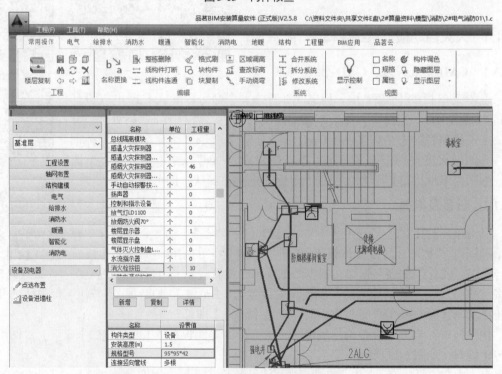

图5-14 设置消火栓按钮属性

5.4.1.3　桥架

点击中文工具栏【消防电】专业，选择【桥架】，在构件列表栏新增"金属线槽150*75"，根据图纸要求将构件属性栏规格型号设置为150mm×75mm，设置完成后，点击【点画竖向桥架】命令，当软件弹出"标高设置"对话框时，将顶标高设置为4.2m，当软件弹出"角度设置"对话框时，将旋转角度设置为90°，设置完成后，点画竖向桥架于弱电井桥架图例位置，如图5-15所示。强电井竖向防火桥架（截面为100mm×50mm）操作方法同。

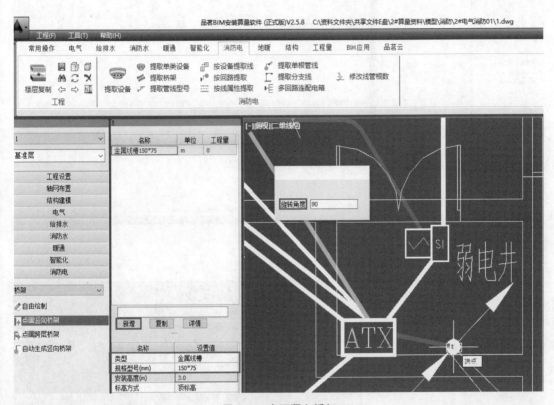

图5-15　点画竖向桥架

5.4.1.4　配电支线（回路）

提取配电回路信息。点击菜单栏【消防电】专业，选择【提取管线型号】命令，根据命令栏提示，框选一层火灾自动报警平面图（图5-3、图5-4或图号DQ4-6）线型符号表，当软件弹出"提取管线型号"对话框时，根据图纸信息将回路名称设置为图纸对应回路名称，其他核查无误后，点击【转化】即可，如图5-16所示。

点击中文工具栏【消防电】专业，选择【消防线*配管】，依次在构件属性栏将ATX：NB、ATX：ND、ATX：NY、ATX：JK1、ATX：LD1各回路的安装高度设置为4.15m。

点击菜单栏【消防电】专业，选择【按线属性提取】命令，在构件列表栏选择ATX：NB等相应回路后，鼠标点选平面图中NB等相应回路线型，当软件弹出"按线属性提取"对话框时，勾选"按线型提取"即可，如图5-17所示。

图5-16 提取管线型号

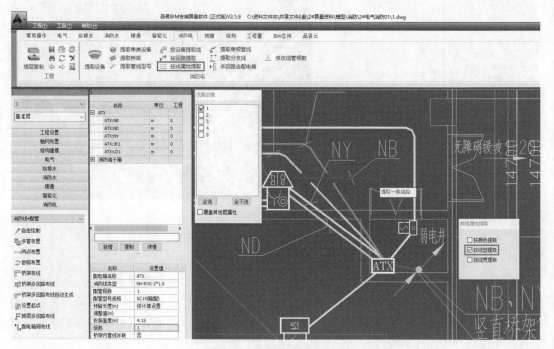

图5-17 提取配电回路信息

5.4.1.5 一层火灾自动报警系统套取清单、定额

同第2章2.4节生活给水系统。

5.4.1.6 一层火灾自动报警系统可视化模型

如图5-18所示。

图5-18　一层火灾自动报警系统可视化模型

5.4.2　视频安防监控系统及出入口控制系统建模

5.4.2.1　CAD图纸导入、CAD图纸分割

点击菜单栏的【工程】→【CAD图纸导入】命令，导入"2#电气智能化施工图"。为提升工作效率及缩减文件大小，需对图纸进行处理、分割。点击菜单栏的【工程】→【CAD图纸分割】命令，按命令提示框，框选一～四层智能平面图（图号ZN-PM1-02～ZN-PM1-05），在弹出的【图纸分割】提示框中进行分割，校核无误后，点击【确认】即可。

5.4.2.2　设备及电器

点击菜单栏上的【智能化】专业，选择【提取设备】命令，根据命令栏提示，框选一层智能平面图（图5-6、图5-7）或图号ZN-PM1-02的图例表，如图5-19所示，弹出"转化图例表"窗口，根据图纸要求，设置设备及电器的安装高度，如将"室内高清网络半球摄像机"安装高度设置为4.1m，"室内高清网络快球摄像机"安装高度设置为3.5m等，设置完成后，点击【转化】即可。

（1）楼层等电位接地端子箱　点击中文工具栏【智能化】专业，选择【配电箱/柜】，在构件列表栏选择"楼层等电位接地端子箱"，根据2#电气智能化施工图要求，在构件属性栏设置端子箱的高、宽、厚及安装高度等，设置完成后，选择【点选布置】命令，于图纸位置布置，当提示输入"旋转角度"时，输入"90"即可，如图5-20所示。

（2）出入口控制器　点击中文工具栏【智能化】专业，选择【配电箱/柜】，在构件列表栏新增"M4"出入口控制器，根据设计图纸要求，在构件属性栏设置控制器的高、宽、厚及安装高度等，设置完成后，选择【点选布置】命令，于图纸位置布置。如图5-21所示。

图5-19　提取设备

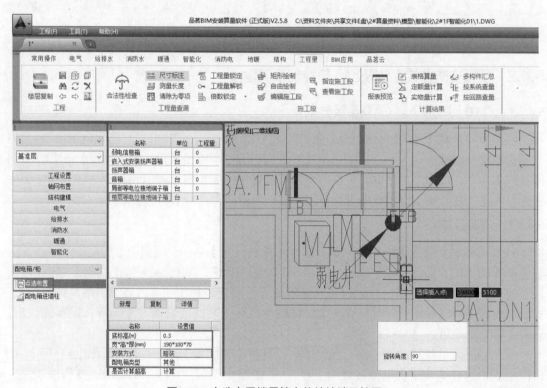

图5-20　点选布置楼层等电位接地端子等图

5.4.2.3　桥架

点击菜单栏【智能化】专业，选择【提取桥架】命令，根据图纸一层智能平面图（图5-6、图5-7）要求，在弹出的"提取桥架"对话框中设置桥架截面高度、安装高度、桥架类型等，设置完成后，提取桥架标注层及桥架线，完成后点击【确定】，如图5-22所示。

二维码5.6

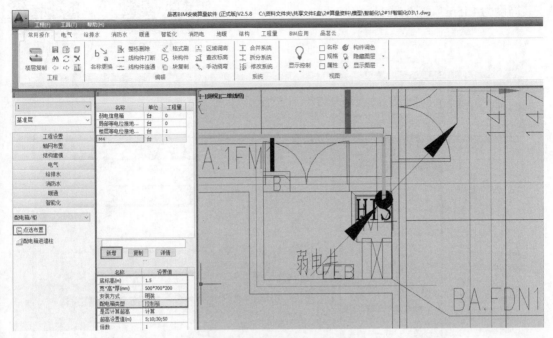

图5-21 点选布置出入口控制器

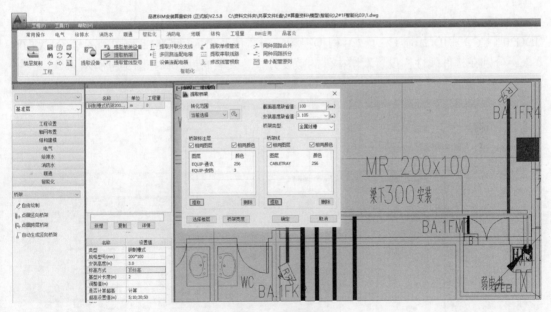

图5-22 提取桥架

5.4.2.4 配电支线（回路）

以一层出入口控制器M4及BA.1FR1 ～ BA.1FR5、BA.1FK1 BA.1FK2共7台摄像机对应7支回路［详见视频安防监控及出入口控制系统图（见图号ZN-XT-05）］为例建模。

（1）配线 点击中文工具栏【智能化】专业，选择【弱电线】，在构件列表栏新增弱电线"RVVP-2*1.0""CAT6.UTP.4P"，根据2#电气智能化施工图要求，在构件属性栏分别设置

二维码 5.7 二维码 5.8

安装高度为4.15m，如图5-23所示。

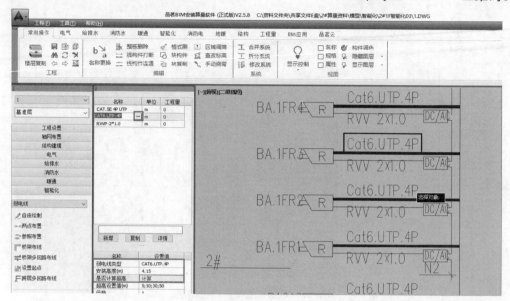

图5-23 配线

（2）配管 点击中文工具栏【智能化】专业，选择【配管】，在构件列表栏分别新增"JDG20（CC）""JDG16（CC）"，并根据视频安防监控及出入口控制系统图（图号ZN-XT-05）要求，分别在构件属性栏设置新增构件的敷设方式、安装高度等，如图5-24所示。

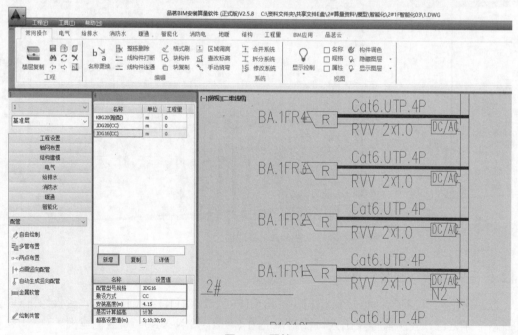

图5-24 配管

（3）弱电线*配管 点击中文工具栏【智能化】专业，选择【弱电线*配管】，在构件列表栏点击【新增】，在弹出的"构件定义"对话框，点击"配电箱"后面的省略号"…"，软件弹出"配电箱/柜"对话框，选择"M4"后，点击【确定】，如图5-25所示。

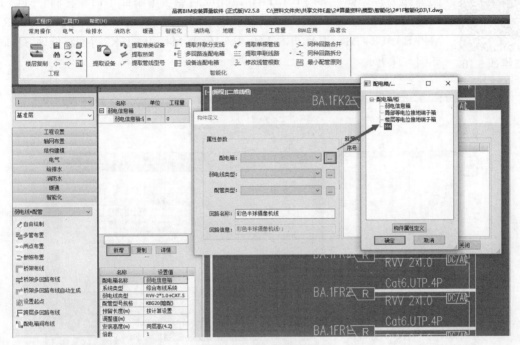

图5-25　新增配电箱/柜

点击"弱电线类型"后面的省略号"…"，当软件弹出"弱电线选择"对话框时，选择相应弱电线，如"RVV-2*1.0""CAT6.UTP.4P"，并点击【增加+】，增加至右框弱电类型栏，增加完成后，点击【确定】，如图5-26所示。

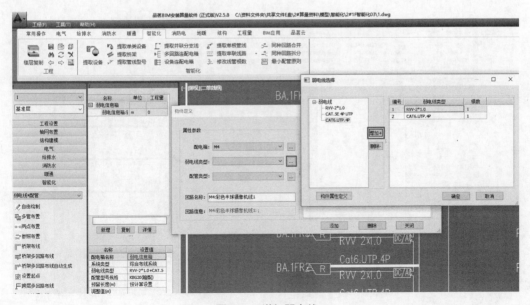

图5-26　增加弱电线

点击"配管类型"后面的省略号"...",当软件弹出"配管选择"对话框时,选择"JDG20",并点击【增加】后,点击【确定】。

将"构件定义"对话框的"回路名称"改为视频安防监控系统图对应的回路名称,如"M4:BA.1FR1",完成后点击【添加】命令,将"M4"的BA.1FR1回路信息添加到"新增构件列表",M4:BA.1FR2、M4:BA.1FR3、M4:BA.1FR4、M4:BA.1FR5、M4:BA.1FK1、M4:BA.1FK2等回路处理方法同,如图5-27所示。

二维码5.10

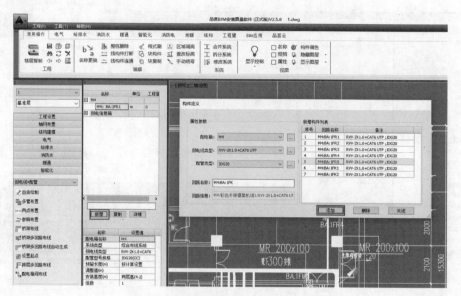

图5-27 将回路信息添加到新增构件列表

将构件列表栏新创建的回路,依次在构件属性栏,将软件默认的系统类型修改为视频安防监控系统,如图5-28所示。

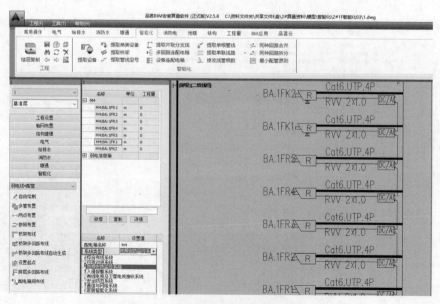

图5-28 修改新创建回路的构件属性

（4）配电支线（回路）建模　点击中文工具栏【智能化】专业，选择【弱电线*配管】，在构件列表栏选择相应回路，如"M4：BA.1FR1"回路，同时，点击菜单栏【智能化】专业，选择【提取单根管线】命令，根据命令栏提示，提取视频安防监控及出入口控制系统图（图号ZN-X-05）BA.1FR1回路，如图5-29所示。

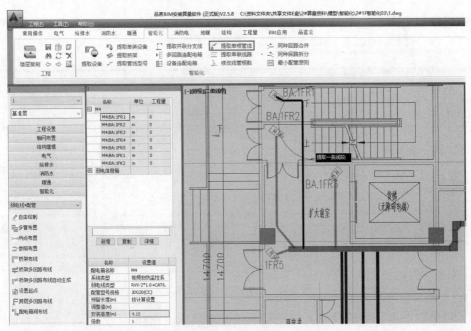

图5-29　配电支线（回路）建模

（5）桥架布线　点击中文工具栏【智能化】专业，选择【弱电线*配管】，选择【桥架多回路布线自动生成】命令，当软件弹出"楼层选择"对话框时，选择楼层为1，当软件弹出"桥架多回路布线自动生成"对话框时，点击【确定】即可，如图5-30所示。

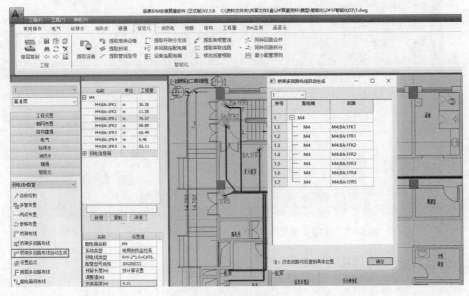

图5-30　桥架布线

（6）桥架支吊架　点击中文工具栏【智能化】专业，选择【桥架支吊架】，选择【选管布置】命令，当软件弹出"桥架支吊架-选管布置"对话框时，根据规范及智能化系统设计说明（图号ZN-SM-01、02）要求，设置支架的起配距离及桥架支架水平间距、垂直间距等，设置完成后点击【确定】，并根据命令栏提示，框选一层智能平面图即可，如图5-31所示。

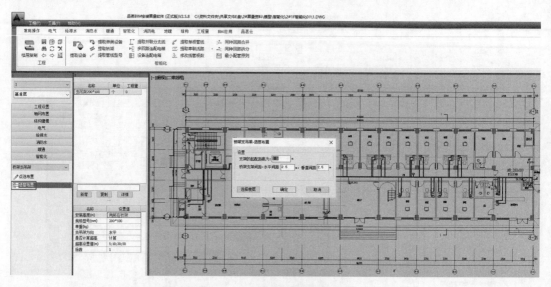

图5-31　选管布置桥架支吊架

5.4.2.5　视频安防监控系统及出入口控制系统套取清单、定额

同第2章2.4节生活给水系统。

5.4.2.6　视频安防监控系统及出入口控制系统可视化模型

如图5-32所示。

图5-32　视频安防监控系统及出入口控制系统可视化模型

5.4.3　公共广播系统建模

本节以×××派出所2#电气智能化施工图的一层公共广播系统为例，学习公共广播系

统建模。

5.4.3.1 CAD图纸处理

点击菜单栏【常用操作】，点击【显示控制】，同时选择【构件显示控制】，在【构件显示控制】窗只保留勾选"CAD图层"，如图5-33所示，然后，在软件绘图区清除当前一层智能平面图。

二维码5.11

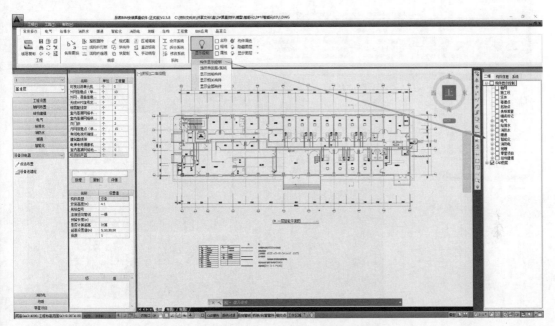

图5-33　消除软件绘图区一层智能平面图

打开菜单栏【常用操作】，点击【显示控制】，同时选择【构件显示控制】，在【构件显示控制】窗勾选所有构件及CAD图层，然后，将一层广播平面图（图5-9、图5-10）移动至轴网②-①轴与②-⑧轴交点，并点亮界面命令栏【颜色过滤】，如图5-34所示。

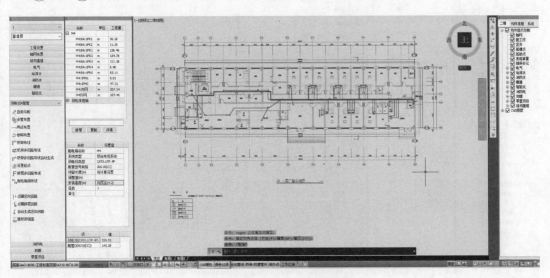

图5-34　显示一层广播平面图

5.4.3.2 设备及电器

点击中文工具栏【智能化】专业，选择【设备及电器】，在构件列表栏新增"吸顶扬声器"，根据智能化系统设计说明（图号 ZN-SM-01、02）要求，设置新增构件的安装高度为4.1m，设置完成后，点击菜单栏【智能化】专业，选择【提取单类设备】命令，根据操作命令栏提示提取设备图例后，点击右键确认转化即可，如图5-35所示。

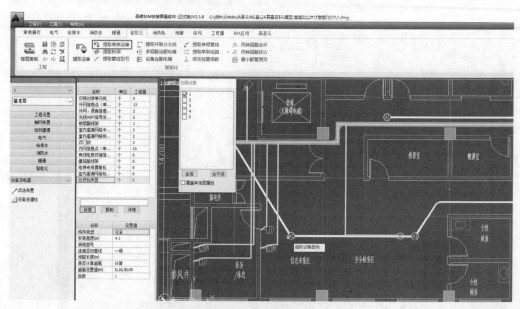

图5-35 提取设备图例

5.4.3.3 配电支线（回路）

（1）配线 点击中文工具栏【智能化】专业，选择【弱电线】，在构件列表栏新增"ZR-RVVP-2*1.5"，根据智能化系统设计说明（图号 ZN-SM-01、02）要求，在构件属性栏设置弱电线的类型、安装高度等，如图5-36所示。

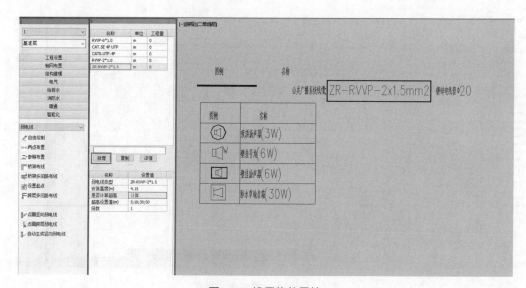

图5-36 设置构件属性

（2）弱电线*配管　点击中文工具栏【智能化】专业，选择【弱电线*配管】，在构件列表栏点击【新增】，在弹出的"构件定义"对话框，点击"弱电线类型"后面的省略号"..."，当软件弹出的"弱电线选择"对话框时，选择"ZR-RVVP-2*1.5"后，点击【确定】，如图 5-37 所示。因公共广播系统无配电箱，因此，"配电箱"项忽略不选。

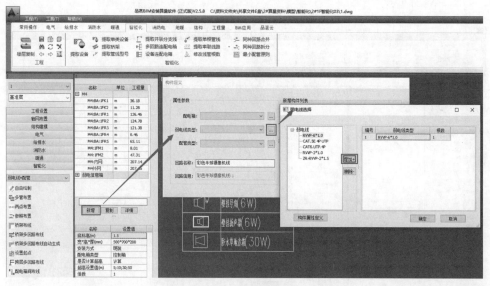

图5-37　新增弱电线

点击"配管类型"后面的省略号"..."，当软件弹出的"配管选择"对话框时，选择"JDG20"，并点击【增加】后，点击【确定】。

将"构件定义"对话框的"回路名称"改为一层公共广播平面图对应的回路名称"GB7"，完成后点击【添加】命令，将"GB7"的回路信息添加到"新增构件列表"，如图 5-38 所示。

图5-38　添加回路信息到新增构件列表

（3）配电支线（回路）建模　点击中文工具栏【智能化】专业，选择【弱电线*配管】，在构件列表栏选择相应回路"GB7"，同时，点击菜单栏【智能化】专业，选择【提取串联线路】命令，在弹出的【范围设置】窗口勾选楼层为1层，在弹出的"按线属性提取"窗口勾选"按线性提取"，根据命令提示栏，提取2#一层广播平面图（图5-9、图5-10）"GB7"回路图例，如图5-39所示。

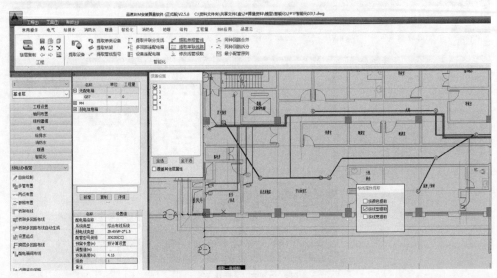

图5-39　配电支线（回路）建模

（4）弱电井竖向回路建模　点击中文工具栏【智能化】专业，选择【弱电线*配管】，在构件列表栏选择相应回路"GB7"，同时，选择【点画竖向回路】命令，根据智能化系统设计说明（图号ZN-SM-01）将"立管顶标高""立管底标高"设置完成后，在图纸位置直接绘制即可，如图5-40所示。

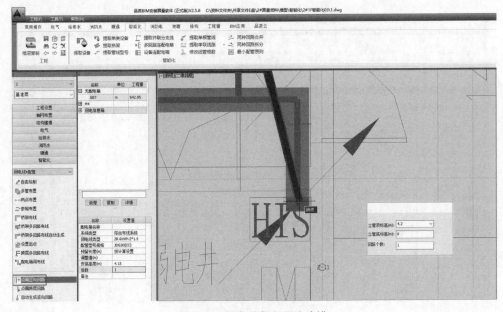

图5-40　弱电井竖向回路建模

5.4.3.4　一层公共广播系统套取清单、定额

同第2章2.4节生活给水系统。

5.4.3.5　一层公共广播系统可视化模型

如图5-41所示。

二维码5.12

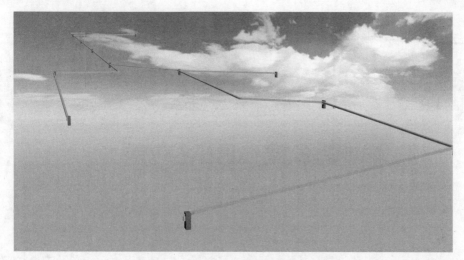

图5-41　一层公共广播系统可视化模型

实训任务

1. ×××派出所1#电气智能化施工图识图。

2. ×××派出所1#电气设计（消防）施工图识图。

3. ×××派出所1#电气设计（消防）清单列项。

4. ×××派出所1#一层火灾自动报警系统、视频安防监控系统及出入口控制系统、公共广播系统、有线电视系统建模。

第6章　BIM应用

 学习任务

- 了解安装工程BIM应用。
- 掌握BIM项目管线综合碰撞检查及智能避让方法。
- 掌握如何使用BIM安装算量输出清单、定额工程量及实物工程量。

二维码6.1

6.1　安装工程BIM应用

BIM技术在安装工程造价的应用主要是3D可视化、碰撞检查、智能避让、净高分析及预留洞。

（1）管线综合碰撞检查　主要用于检测风管、桥架、水管及各种配电回路与柱、梁的碰撞，同时，可以提前检测出碰撞，进而避免施工时造成工期延误及增加额外成本。

（2）管线综合智能避让　主要对"碰撞检查"检测到的碰撞点进行"智能避让"。

（3）管线综合净高分析　主要用于检测风管、桥架、水管是否低于净高设定值；在管线无碰撞并满足现场安装、检修要求的情况下，管道的下表面与楼面、地面净距是否符合标准。

（4）预留洞　主要用于风管、桥架、水管、回路、配电箱、消火栓与墙、板相交时，生成"预留洞"。

6.1.1　BIM模型3D可视化

传统的2D平面图可视范围有限，需要多张图纸配合才能看清楚某个构件的详细位置与构造，并不直观，不仅增加工作量，还降低准确度。采用BIM技术之后，通过BIM概念的特性建立起3D可视化模型，可以将项目更直观地呈现给各参与方，即便是缺乏专业知识的业主方对于可视化的3D模型也能够读懂，方便了各方的沟通。×××派出所2#一层水电安装工程3D可视化模型如图6-1、图6-2所示。

图6-1　×××派出所2#一层水电安装工程3D可视化模型（一）

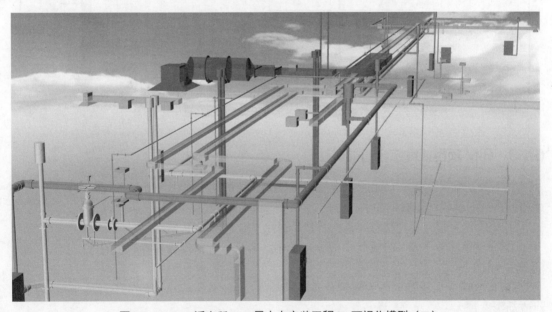

图6-2　×××派出所2#一层水电安装工程3D可视化模型（二）

6.1.2　BIM项目碰撞检查

　　管线综合碰撞是建筑工程领域普遍存在的问题，如果前期方案不合理，在施工期会发生严重的经济损失并使工期延误。BIM技术的引入，可以很好地解决传统综合管线碰撞检测中存在的问题。利用软件将二维图纸转换成三维模型的过程，不但是校正的过程，解决"漏"和"缺"的问题，实际上更是模拟施工的过程，在图纸中隐藏的空间问题可以轻易地暴露出来，解决"错"和"碰"的问题。这样一个精细化的设计过程，能够提高设计质量，减少设计人现场服务的时间。并且，一个贴近实际施工的模型，对工程量计算的精确度能有巨大的提升，同时可以降低

二维码6.2

工作量，对于施工、物业管理、后期维修等，均有裨益。一个质量良好的模型，对于整个建筑行业，都有着积极的意义。

×××派出所2#一层水电安装管线综合碰撞检查如图6-3、图6-4所示，带有感叹号的三角符号为管线综合碰撞点。

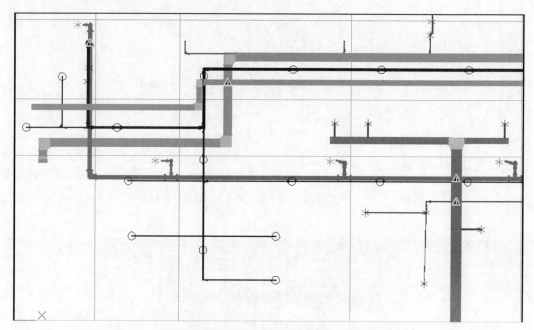

图6-3　×××派出所2#一层水电安装管线综合碰撞检查（一）

6.1.3　BIM项目管线综合智能避让

在完成基础模型建模和碰撞检查后，应根据管线的功能、用途等来进行模型内管线位置调整，常规的管线调整原则如下。

① 小管让大管：小管绕弯容易，且造价低；

② 分支管让主干管：分支管一般管径较小，容易绕弯，且分支管的影响范围和重要性稍弱于主干管；

③ 有压管让无压管（压力流管让重力流管）：无压管（或重力流管）改变坡度和流向，对流动影响较大；

④ 可弯管让不能弯的管；

⑤ 低压管让高压管：高压管造价高，且强度要求也高；

⑥ 输气管让水管：水流动的动力消耗大；

⑦ 金属管让非金属管：金属管易弯曲、切割和连接；

⑧ 一般管道让通风管：通风管道体积大，绕弯困难；

二维码6.3　　　　二维码6.4

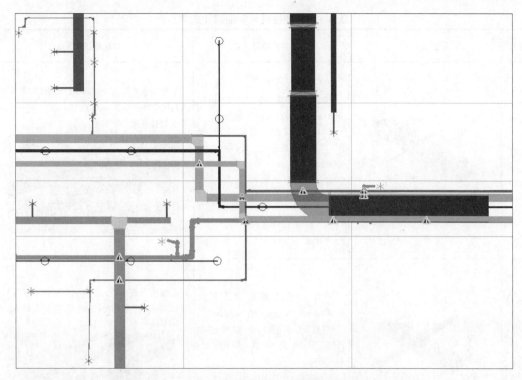

图6-4　×××派出所2#一层水电安装管线综合碰撞检查（二）

⑨ 阀件小的让阀件多的：考虑安装、操作、维护等因素；

⑩ 检修次数少的和方便的让检修次数多的和不方便的：这是从后期维护方面考虑；

⑪ 常温管让高（低）温管（冷水管让热水管、非保温管让保温管）：高于常温要考虑排气；低于常温要考虑防结露保温；

⑫ 热水管道在上，冷水管道在下；

⑬ 给水管道在上，排水管道在下；

⑭ 电气管道在上，水管道在下；

⑮ 空调冷凝管、排水管对坡度有要求，应优先排布；

二维码6.5

⑯ 空调风管、防排烟风管、空调水管、热水管等需保温的管道要考虑保温空间；

⑰ 当冷、热水管上下平行敷设时，冷水管应在热水管下方，当垂直平行敷设时，冷水管应在热水管右侧；

⑱ 水管不能水平敷设在桥架上方；

⑲ 出入口位置尽量不安排管线，以免人流进出时给人压抑感；

⑳ 材质比较脆、不能上人的管道安排在顶层；如复合风管必须安排在最上面，桥架安装、电缆敷设、水管安装必须不影响风管的成品保护。

×××派出所2#一层水电安装管线综合智能避让如图6-1、图6-2所示。

6.2　碰撞检查与智能避让成果

碰撞检查与智能避让成果见表6-1。

表 6-1　碰撞检查与智能避让成果

序号	碰撞检查前	构件信息	智能避让成果
1层_01		构件A：安装\暖通\风管\排风管400mm×160mm：H=3400mm 构件B：安装\给排水\水管\聚丙烯（PP-R）给水管De40：H=3400mm 轴网：②-9～②-10/②-B～②-C 详细位置：距离②-10轴2497mm，距离②-B轴241mm	1.解决方案：给水管向下U形绕弯（管道外边与风管外间距200mm） 2.避让成果
1层_02		构件A：安装\暖通\风管\排风管400mm×160mm：H=3400mm 构件B：安装\消防水\水管\镀锌钢管消火栓管DN150：H=3400mm 轴网：②-9～②-10/②-B～②-C 详细位置：距离②-10轴2497mm，距离②-B轴579mm	1.解决方案：消火栓管向下U形绕弯（②-5轴+2100mm～②-10轴-2000mm段下降400mm） 2.避让成果
1层_03		构件A：安装\暖通\风管\排风管400mm×200mm：H=3400mm 构件B：安装\给排水\水管\聚丙烯管（PP-R）给水管De40：H=3400mm 轴网：②-4～②-5/②-A～②-B 详细位置：距离②-5轴2499mm，距离②-B轴1691mm	1.解决方案：给水管向下U形绕弯（边距200mm） 2.避让成果
1层_04		构件A：安装\暖通\风管\排风管400mm×200mm：H=3400mm 构件B：安装\消防水\水管\镀锌钢管消火栓管DN150：H=3400mm 轴网：②-4～②-5/②-A～②-B 详细位置：距离②-5轴2499mm，距离②-B轴812mm	1.解决方案：消火栓管向下U形绕弯（边距200mm） 2.避让成果

序号	碰撞检查前	构件信息	智能避让成果
1层_05		构件A：安装\暖通\风管\排烟管1000mm×250mm；H=3400mm 构件B：安装\给排水\水管\聚丙烯管（PP-R）给水管De65；H=3400mm 轴网：②-5～②-6/②-B～②-C 详细位置：距离②-6轴1899mm，距离②-C轴378mm	1.解决方案：给水管向下U形绕弯（边距200mm） 2.避让成果
1层_06		构件A：安装\暖通\风管\排烟管1000mm×250mm；H=3400mm 构件B：安装\消防水\水管\镀锌钢管消火栓管DN150；H=3400mm 轴网：②-6～②-7/②-B～②-C 详细位置：距离②-6轴2920mm，距离②-B轴602mm	1.解决方案：消火栓管向下U形绕弯（②-5轴+2100mm～②-10轴-2000mm段下降400mm） 2.避让成果
1层_07		构件A：安装\暖通\风管\排烟管1000mm×250mm；H=3400mm 构件B：安装\消防水\水管\镀锌钢管消火栓管DN150；H=3400mm 轴网：②-5～②-6/②-B～②-C 详细位置：距离②-6轴713mm，距离②-B轴602mm	1.解决方案：消火栓管向下U形绕弯（②-5轴+2100mm～②-10轴-2000mm段下降400mm） 2.避让成果
1层_08		构件A：安装\暖通\风管\排烟管1000mm×250mm；H=3400mm 构件B：安装\消防水\水管\镀锌钢管消火栓管DN65；H=3400mm 轴网：②-6～②-7/②-B～②-C 详细位置：距离②-6轴472mm，距离②-C轴549mm	1.解决方案：消火栓管下沉400mm（标高3.000m） 2.避让成果

序号	碰撞检查前	构件信息	智能避让成果
1层_09		构件A：安装\电气\桥架\金属线槽300mm×100mm：H=3105mm 构件B：安装\智能化\桥架\弱电金属线槽200mm×100mm：H=3105mm 轴网：②-5 ～ ②-6/②-B ～ ②-C 详细位置：距离②-5轴2300mm，距离②-C轴628mm	1.解决方案：弱电桥架②-3轴+750mm～②-5+1900mm段，整体往②-D轴上移1150mm。 强电桥架②-3轴+1700mm～②-5轴+170mm段，整体下移950mm 2.避让成果
1层_10		构件A：安装\电气\桥架\金属线槽300mm×100mm：H=3105mm 构件B：安装\智能化\桥架\弱电金属线槽200mm×100mm：H=3105mm 轴网：②-3 ～ ②-4/②-C ～ ②-D 详细位置：距离②-3轴1860mm，距离②-C轴652mm	1.解决方案：弱电桥架②-3轴+750mm～②-5+1900mm段，整体往②-D轴上移1150mm 强电桥架②-3轴+1700mm～②-5轴+170mm段，整体下移950mm 2.避让成果
1层_11		构件A：安装\电气\桥架\金属线槽300mm×100mm：H=3105mm 构件B：安装\智能化\桥架\弱电金属线槽200mm×100mm：H=3105mm 轴网：②-5 ～ ②-6/②-C ～ ②-D 详细位置：距离②-5轴627mm，距离②-C轴652mm	1.解决方案：弱电桥架从②-C轴-230mm至桥架末端处开始整体降低300mm 2.避让成果

序号	碰撞检查前	构件信息	智能避让成果
1层 _12		构件A：安装\给排水\水管\聚氯乙烯管（PVC-U）污水管 De110：H=-845～4200mm 构件B：安装\给排水\水管\聚丙烯管（PP-R）给水管 De32：H=3400mm 轴网：②-4～②-5/②-C～②-D 详细位置：距离②-4轴3046mm，距离②-C轴2303mm	1.解决方案：De32给水管向左移动150mm 2.避让成果
1层 _13		构件A：安装\给排水\水管\聚丙烯管（PP-R）给水管 De40：H=3400mm 构件B：安装\消防水\水管\镀锌钢管消火栓管 DN150：H=3400mm 轴网：②-9～②-10/②-B～②-C 详细位置：距离②-10轴3109mm，距离②-B轴579mm	1.解决方案：给水管不作调整（原因参见序号：1层_02） 2.避让成果
1层 _14		构件A：安装\给排水\水管\聚丙烯管（PP-R）给水管 De40：H=3400mm 构件B：安装\消防水\水管\镀锌钢管消火栓管 DN150：H=3400mm 轴网：②-5～②-6/②-B～②-C 详细位置：距离②-5轴2443mm，距离②-B轴579mm	1.解决方案：给水管不作调整（原因参见序号：1层_02） 2.避让成果

序号	碰撞检查前	构件信息	智能避让成果
1层_15		构件A：安装\给排水\水管\聚丙烯管（PP-R）给水管De65：H=3400mm 构件B：安装\消防水\水管\镀锌钢管消火栓管DN65：H=3400mm 轴网：②-6～②-7/②-B～②-C 详细位置：距离②-6轴472mm，距离②-C轴378mm	1.解决方案：给水管不作调整（原因参见序号：1层_02） 2.避让成果
1层_16		构件A：安装\消防水\水管\镀锌钢管消火栓管DN150：H=3400mm 构件B：安装\消防水\水管\镀锌钢管喷淋管DN100：H=2850～4200mm 轴网：②-1～②-2/②-C～②-D 详细位置：距离②-2轴214mm，距离②-C轴2114mm	1.解决方案：消火栓管向右U形绕弯（②-C轴+350mm处向右弯285mm）. 2.避让成果

6.3 BIM安装工程量

工程量，指按照事先约定的工程量计算规则计算所得的、以物理计量单位或自然计量单位所表示的建筑、安装工程各个分部分项工程或结构构件的数量。

工程量计算规则，是确定建筑产品分部分项工程数量的基本规则，是实施工程量清单计价、提供工程量数据的最基础资料之一，不同的计算规则，会有不同的分部分项工程量。

实物工程量，指实际完成的工程数量，工程量不一定等同于实物量。而工程量是按照工程量计算规则计算所得的工程数量。为了简化工程量的计算，在工程量计算规则中，往往对某些零星的实物量作出扣除或不扣除、增加或不增加的规定。工程量计算力求准确，它是编制工程量清单、确定建筑工程直接费、编制施工组织设计、编制材料供应计划、进行统计工作和实现经济核算的重要依据。

由于篇幅有限，且全国各省均编制了结合本省实际情况的安装工程定额，因此，本节仅节选×××派出所2#一层消防工程水灭火系统清单工程量及实物工程量，见表6-2、表6-3。

表 6-2　消防工程水灭火系统清单工程量

序号	清单编码	清单名称	项目特征	楼层	构件名称	单位	工程量	计算公式
1	030901001001	水喷淋钢管	名称：镀锌钢管 喷淋管 DN125 安装位置：室内	1层	镀锌钢管喷淋管 DN125	m	7.36	1.35+2.85+3.16
2	030901001002	水喷淋钢管	名称：镀锌钢管 喷淋管 DN15 安装位置：室内	1层	镀锌钢管喷淋管 DN15	m	5.4	0.2×27（段）
3	030901001003	水喷淋钢管	名称：镀锌钢管 喷淋管 DN25 安装位置：室内	1层	镀锌钢管喷淋管 DN25	m	24.38	1.39+1.9+2.8×3（段）+2.95+2.97+3.37+3.4
4	030901001004	水喷淋钢管	名称：镀锌钢管 喷淋管 DN32 安装位置：室内	1层	镀锌钢管喷淋管 DN32	m	17.5	0.52+1.02+1.13+1.23+3.4×4（段）
5	030901001005	水喷淋钢管	名称：镀锌钢管 喷淋管 DN40 安装位置：室内	1层	镀锌钢管喷淋管 DN40	m	12.28	2.08+3.4×3（段）
6	030901001006	水喷淋钢管	名称：镀锌钢管 喷淋管 DN50 安装位置：室内	1层	镀锌钢管喷淋管 DN50	m	12.2	0.8+1.2+3.4×3（段）
7	030901001007	水喷淋钢管	名称：镀锌钢管 喷淋管 DN65 安装位置：室内	1层	镀锌钢管喷淋管 DN65	m	10.64	1.7+2.14+3.4×2（段）
8	030901001008	水喷淋钢管	名称：镀锌钢管 喷淋管 DN80 安装位置：室内	1层	镀锌钢管喷淋管 DN80	m	20.38	0.27+1.12+1.93+3.4×3（段）+3.43×2（段）

序号	清单编码	清单名称	项目特征	楼层	构件名称	单位	工程量	计算公式
9	030901002001	消火栓钢管	名称：镀锌钢管消火栓管 DN100 安装位置：室内	1层	镀锌钢管消火栓管 DN100	m	6	0.55×2（段）+0.8+0.85×2（段）+1.2×2（段）
10	030901002002	消火栓钢管	名称：镀锌钢管消火栓管 DN150 安装位置：室内	1层	镀锌钢管消火栓管 DN150	m	72.09	0.4×2（段）+0.5×2（段）+0.58+0.8+1.39+1.55+1.77+13+2.22+2.25+2.45+3.18+3.26+4.08+4.97+6.13+6.6+6.68+9.38
11	030901002003	消火栓钢管	名称：镀锌钢管消火栓管 DN65 安装位置：室内	1层	镀锌钢管消火栓管 DN65	m	28.42	0.28+0.33+0.35+0.39+0.4×2（段）+0.42+0.43+0.46+0.61+0.83+1.32−2.2×3（段）+2.6×6（段）
12	030901003001	水喷淋（雾）喷头	类型：下喷 型号：DN15	1层	下喷头	个	30	1×30
13	030901006001	水流指示器	名称：水流指示器 DN125 连接方式：法兰连接	1层	水流指示器 DN125	个	5	1+2×2
14	030901010001	室内消火栓	名称：消火栓（明装） 型　号：1600mm×700mm×240mm	1层	消火栓（明装）	套	7	1×7
15	030901010002	室内消火栓	名称：消火栓（暗装） 型　号：1600mm×700mm×240mm	1层	消火栓（暗装）	套	2	1×2
16	030901013001	灭火器	名称：消火栓（明装） 型　号：1600mm×700mm×240mm	1层	消火栓（明装）	具（组）	7	1×7
17	030901013002	灭火器	名称：消火栓（暗装） 型　号：1600mm×700mm×240mm	1层	消火栓（暗装）	具（组）	2	1×2

表 6-3　消防工程水灭火系统实物工程量

序号	构件名称	单位	计算公式	工程量
	自动喷淋灭火系统ZP			
1.1	镀锌钢管喷淋管DN15	m	0.2【立】×27（段）	5.4
1.2	镀锌钢管喷淋管DN15（银粉第一道）	m²	3.14×21.3/1000×5.4【立】	0.36
1.3	镀锌钢管喷淋管DN15（银粉第二道）	m²	3.14×21.3/1000×5.4【立】	0.36
1.4	镀锌钢管喷淋管DN25	m	1.39+1.9+2.8×3（段）+2.95+2.97+3.37+3.4	24.38
1.5	镀锌钢管喷淋管DN25（银粉第一道）	m²	3.14×33.7/1000×24.38	2.58
1.6	镀锌钢管喷淋管DN25（银粉第二道）	m²	3.14×33.7/1000×24.38	2.58
1.7	镀锌钢管喷淋管DN25（管道支架）	kg	24.38×1.59	38.76
1.8	镀锌钢管喷淋管DN32	m	0.52+1.02+1.13+1.23+3.4×4（段）	17.5
1.9	镀锌钢管喷淋管DN32（银粉第一道）	m²	3.14×42.4/1000×17.5	2.33
1.10	镀锌钢管喷淋管DN32（银粉第二道）	m²	3.14×42.4/1000×17.5	2.33
1.11	镀锌钢管喷淋管DN32（管道支架）	kg	17.5×1.59	27.83
1.12	镀锌钢管喷淋管DN40	m	2.08+3.4×3（段）	12.28
1.13	镀锌钢管喷淋管DN40（银粉第一道）	m²	3.14×48.3/1000×12.28	1.86
1.14	镀锌钢管喷淋管DN40（银粉第二道）	m²	3.14×48.3/1000×12.28	1.86
1.15	镀锌钢管喷淋管DN40（管道支架）	kg	12.28×1.59	19.53
1.16	镀锌钢管喷淋管DN50	m	0.8+1.2+3.4×3（段）	12.2
1.17	镀锌钢管喷淋管DN50（银粉第一道）	m²	3.14×60.3/1000×12.2	2.3
1.18	镀锌钢管喷淋管DN50（银粉第二道）	m²	3.14×60.3/1000×12.2	2.3
1.19	镀锌钢管喷淋管DN50（管道支架）	kg	12.2×1.38	16.84
1.20	镀锌钢管喷淋管DN65	m	1.7+2.14+3.4×2（段）	10.64
1.21	镀锌钢管喷淋管DN65（银粉第一道）	m²	3.14×76.1/1000×10.64	2.54
1.22	镀锌钢管喷淋管DN65（银粉第二道）	m²	3.14×76.1/1000×10.64	2.54

序号	构件名称	单位	计算公式	工程量
1.23	镀锌钢管喷淋管DN65（管道支架）	kg	10.64×1.32	14.04
1.24	镀锌钢管喷淋管DN80	m	0.27+1.12+1.93+3.4×3（段）+3.43×2（段）	20.38
1.25	镀锌钢管喷淋管DN80（银粉第一道）	m²	3.14×88.9/1000×20.38	5.7
1.26	镀锌钢管喷淋管DN80（银粉第二道）	m²	3.14×88.9/1000×20.38	5.7
1.27	镀锌钢管喷淋管DN80（管道支架）	kg	20.38×1.22	24.86
1.28	镀锌钢管喷淋管DN125	m	1.35【立】+2.85【立】+3.16	7.36
1.29	镀锌钢管喷淋管DN125（银粉第一道）	m²	3.14×139.7/1000×（3.16+4.2【立】）	3.23
1.30	镀锌钢管喷淋管DN125（银粉第二道）	m²	3.14×139.7/1000×（3.16+4.2【立】）	3.23
1.31	镀锌钢管喷淋管DN125（管道支架）	kg	（3.16+4.2【立】）×1.13	8.32
2	喷头			
2.1	下喷头	个	1×27	27
3	管件			
3.1	卡箍DN65	个	1	1
3.2	卡箍DN125	个	1×3	3
3.3	弯头DN25	个	1×8	8
3.4	弯头DN32	个	1	1
3.5	弯头DN65	个	1	1
3.6	弯头DN80	个	1	1
3.7	大小头DN25×15	个	1×8	8
3.8	大小头DN32×25	个	1×2+1+1+1	5
3.9	大小头DN40×25	个	1	1
3.10	大小头DN40×32	个	1×2+1	3
3.11	大小头DN50×40	个	1+1	2
3.12	大小头DN65×50	个	1	1
3.13	大小头DN80×32	个	1	1
3.14	大小头DN80×50	个	1	1
3.15	大小头DN80×65	个	1	1
3.16	大小头DN125×32	个	1	1
3.17	大小头DN125×80	个	1	1
3.18	三通DN32×15×32	个	1×2+1×3	5

序号	构件名称	单位	计算公式	工程量
3.19	三通 DN32×25×32	个	1	1
3.20	三通 DN40×15×40	个	1×2+1	3
3.21	三通 DN50×15×50	个	1+1×3	4
3.22	三通 DN65×15×65	个	1+1	2
3.23	三通 DN80×15×80	个	1×5	5
3.24	正三通 DN80	个	1+1	2
3.25	正三通 DN125	个	1	1
3.26	四通 DN40×25×40×25	个	1	1
3.27	四通 DN50×40×50×40	个	1	1
4	配件			
4.1	信号闸阀 DN125	个	1	1
4.2	卡箍 DN125	个	2+2	4
4.3	水流指示器 DN125	个	1	1
4.4	转换法兰 DN125	个	2+2	4
5	水管支吊架			
5.1	吊架 DN125[垂直]	个	1	1
5.2	防晃支架 DN25	个	1×9	9
5.3	防晃支架 DN32	个	1×4	4
5.4	防晃支架 DN40	个	1×4	4
5.5	防晃支架 DN50	个	1×3	3
5.6	防晃支架 DN65	个	1×4	4
5.7	防晃支架 DN80	个	1×6	6
6	管道套管			
6.1	刚性防水套管 DN200	个	1	1
	消火栓系统 XL			
7	水管			
7.1	镀锌钢管消火栓管 DN65	m	0.28+0.33+0.35+0.39+0.4×2（段）+0.42+0.43+0.46+0.61+0.83+1.32+2.2【立】×3（段）+2.6【立】×6（段）	28.42
7.2	镀锌钢管消火栓管 DN65（银粉第一道）	m²	3.14×76.1/1000×（6.22+22.2【立】）	6.79
7.3	镀锌钢管消火栓管 DN65（银粉第二道）	m²	3.14×76.1/1000×（6.22+22.2【立】）	6.79
7.4	镀锌钢管消火栓管 DN65（管道支架）	kg	（6.22+22.2【立】）×1.32	37.5
7.5	镀锌钢管消火栓管 DN100	m	0.55×2（段）+0.85×2（段）+0.8【立】+1.2【立】×2（段）	6
7.6	镀锌钢管消火栓管 DN100（银粉第一道）	m²	3.14×114.3/1000×（2.8+3.2【立】）	2.15

序号	构件名称	单位	计算公式	工程量
7.7	镀锌钢管消火栓管 $DN100$（银粉第二道）	m²	3.14×114.3/1000×（2.8+3.2【立】）	2.15
7.8	镀锌钢管消火栓管 $DN100$（管道支架）	kg	（2.8+3.2【立】）×1.22	7.32
7.9	镀锌钢管消火栓管 $DN150$	m	0.4【立】×2（段）+0.5×2（段）+0.58+0.8【立】+1.39+1.55+1.77+13+2.22+2.25+2.45+3.18+3.26+4.08+4.97+6.13+6.6+6.68+9.38	72.09
7.10	镀锌钢管消火栓管 $DN150$（银粉第一道）	m²	3.14×168.3/1000×（70.49+1.6【立】）	38.10
7.11	镀锌钢管消火栓管 $DN150$（银粉第二道）	m²	3.14×168.3/1000×（70.49+1.6【立】）	38.10
7.12	镀锌钢管消火栓管 $DN150$（管道支架）	kg	（70.49+1.6【立】）×1.13	81.46
8	管件			
8.1	卡箍 $DN100$	个	1×9+1×4+1	14
8.2	卡箍 $DN150$	个	1×8+1×6+1×24+1×4+1×2	44
8.3	弯头 $DN65$	个	1×12	12
8.4	弯头 $DN150$	个	1×12+1×2	14
8.5	大小头 $DN100×65$	个	1×3	3
8.6	大小头 $DN150×65$	个	1×2+1	3
8.7	三通 $DN150×65×150$	个	1×3	3
8.8	三通 $DN150×100×150$	个	1×4+1	5
8.9	正三通 $DN100$	个	1×3	3
9	配件			
9.1	卡箍 $DN65$	个	2×2	4
9.2	卡箍 $DN100$	个	2×4	8
9.3	卡箍 $DN150$	个	2×2	4
9.4	蝶阀 $DN65$	个	1×2	2
9.5	蝶阀 $DN100$	个	1×4	4
9.6	蝶阀 $DN150$	个	1×2	2
9.7	转换法兰 $DN65$	个	2×2	4
9.8	转换法兰 $DN100$	个	2×4	8
9.9	转换法兰 $DN150$	个	2×2	4
10	水管支吊架			
10.1	防晃支架 $DN150$	个	1×15	15
11	管道套管			
11.1	刚性防水套管 $DN125$	个	1×4	4

序号	构件名称	单位	计算公式	工程量
	非系统			
12	喷头			
12.1	下喷头	个	1×3	3
13	设备			
13.1	消火栓（明装）	个	1×7	7
13.2	消火栓（暗装）	个	1×2	2
14	水管支吊架			
14.1	吊架DN125	个	1×2	2

参考文献

[1] 通用安装工程工程量计算规范（GB 50856—2013）.

[2] 通用安装工程消耗量定额（TY02-31—2015）.

[3] 建筑电气制图标准（GB/T 50786—2012）.

[4] 阻燃和耐火电线电缆或光缆通则（GB/T 19666—2019）.

[5] 智能建筑设计标准（GB 50314—2015）.

[6] 额定电压1kV(U_m=1.2 kV)到35kV(U_m=40.5kV)挤包绝缘电力电缆及附件 第1部分：额定电压1kV(U_m=1.2kV)和3kV(U_m=3.6 kV)电缆（GB/T 12706.1—2008）.

[7] 电线电缆识别标志方法 第3部分：电线电缆识别标志（GB/T 6995.3—2008）.

[8] 暖通空调制图标准（GB/T 50114—2010）.

[9] 建筑给水排水制图标准（GB/T 50106—2010）.

[10] 规范编制组.2013建设工程计价计量规范辅导.北京：中国计划出版社,2013.

[11] 吴心伦.安装工程造价.6版.重庆：重庆大学出版社，2012.